Common Weeds
of Canada

Les Mauvaises
Herbes communes
du Canada

# Common Weeds of Canada

Gerald A. Mulligan

Published by McClelland and Stewart Limited
in association with *Information Canada*
and The Department of Agriculture

# Les Mauvaises Herbes communes du Canada

Gerald A. Mulligan

Publié par McClelland et Stewart Limitée en collaboration avec *Information Canada* et le Ministère de l'Agriculture

*To Marg for*
*her encouragement*

*A Marg avec*
*remerciements de son appui*

# Table of Contents

# Table des matières

# Introduction

Weeds are the most prominent plants of settled areas of Canada. We see them every day during the growing season. In cities, weeds inhabit lawns, gardens, and waste places. In the country they line every roadside and grow vigorously in all fields that have recently been disturbed. We need to know the identity of these plants not only as an aid in weed control but also to satisfy our increasing curiosity about the natural things around us.

By definition, a weed is a plant that grows where man does not want it to grow: in grainfields, row crops, pastures, hayfields, lawns, and other man-made habitats. However, it is doubtful if many of the plants we call weeds could survive or at least grow in their present abundance if these artificial habitats did not exist. We are, in fact, largely responsible for creating a suitable environment for the growth of those plants that we are most anxious to eliminate. It is probably impossible to eliminate weeds permanently from any habitat without making that habitat unsuitable for plant growth. Weed control is, therefore, a never-ending battle.

This publication contains 117 coloured illustrations of the most common weeds of Canada. One hundred and seven of these illustrations are reproduced from coloured photographs taken by the author. The remaining 10 illustrations are the late Norman Criddle's drawings and are taken from the out-of-print publication *Farm Weeds of Canada*.

Identification of weeds in the present publication is done by visually comparing wild plants with coloured plates. Detailed descriptions of weeds are given in the revised edition of *Weeds of Canada*. It can be purchased from Information Canada, Ottawa, or at many local bookstores.

# Introduction

Les mauvaises herbes sont les plantes les plus en évidence des régions habitées du Canada. Chaque jour de la saison de végétation, ce sont celles qui se présentent à la vue de presque tout le monde. Dans les villes, elles envahissent les pelouses, les jardins et les terrains vagues. En campagne, elles bordent toutes les routes et colonisent vigoureusement tous les champs qui viennent d'être remués. Nous devons donc connaître l'identité de ces plantes, non seulement pour nous assister dans la lutte contre les mauvaises herbes, mais aussi pour satisfaire notre curiosité de plus en plus en éveil au sujet des choses de la nature qui nous entourent.

Par définition, une mauvaise herbe est une plante qui pousse là où l'homme ne veut pas qu'elle croisse: dans les champs de céréales, les cultures sarclées, les pâturages, les prairies, les pelouses et les autres habitats créés par l'homme. Toutefois, il est probable que plusieurs de ces plantes, que l'on appelle mauvaises herbes, ne pourraient pas survivre, ou du moins proliférer comme elles le font, si ces habitats artificiels n'existaient pas. En fait, nous sommes grandement responsables de la création d'un environnement propice à la croissance de ces plantes que nous voulons si ardemment éliminer. Il est probablement impossible d'éliminer de façon permanente les mauvaises herbes d'un habitat sans rendre ce milieu impropre à la croissance de la plante. La lutte contre les mauvaises herbes est donc un combat sans fin.

La présente publication contient 117 illustrations en couleurs des mauvaises herbes les plus communes du Canada dont 107 proviennent de photographies en couleurs prises par l'auteur. Les 10 autres illustrations sont des dessins de feu Norman Criddle et proviennent de la publication, aujourd'hui épuisée, *Les mauvaises herbes du Canada*.

La présente publication servira à l'identification des mauvaises herbes en permettant de comparer les plantes sauvages avec les illustrations en couleurs qu'elle contient. On trouvera des descriptions détaillées des mauvaises herbes dans l'édition revue de *Les mauvaises herbes du Canada* que l'on peut obtenir d'Information Canada à Ottawa ou de nombreuses librairies locales.

Common Weeds
of Canada

Les Mauvaises
Herbes communes
du Canada

EQUISETACEAE
*Equisetum arvense* L.
**Field Horsetail**

Perennial, spreading by spores
and by creeping rootstocks; not a
flowering plant; stems 4 to 10
inches high; native to Canada; a
common weed in all provinces;
occurs in a wide range of
habitats; horsetail is a poisonous
plant, young horses being particularly affected; unbranched
stems ending in a cone appear by
the middle of April and soon
wither; the green branched stems
shown in the picture appear early
in May and last until frost.

ÉQUISÉTACÉES
*Equisetum arvense* L.
**Prèle des champs**

Plante vivace, se propageant par
spores et par rhizomes rampants.
Plante indigène du Canada, elle
est commune à toutes les provinces. La prèle des champs est
une plante vénéneuse à laquelle
sont surtout sensibles les jeunes
chevaux. Des tiges non ramifiées
se terminant en cône font leur
apparition au milieu d'avril mais
fanent bientôt. Les tiges vertes
ramifiées que l'on voit dans
l'illustration font leur apparition
au début de mai et durent
jusqu'aux gelées.

GRAMINEAE

*Agropyron repens* (L.) Beauv.
**Quack Grass**

Perennial, spreading by seeds
and underground rootstocks;
stems 1 to 4 feet high; introduced
from Europe; common in settled
areas of all provinces; in grasslands, cultivated fields, waste
places, and along roadsides; one
of the most difficult weeds to
control; quack grass is considered
one of the world's ten most serious weeds; flowers appear
toward the end of June.

GRAMINÉES

*Agropyron repens* (L.) Beauv.
**Chiendent**

Plante vivace, se propageant par
graines et par rhizomes, dont la
tige mesure 1 à 4 pieds de
hauteur; introduit d'Europe, elle
est commune aux régions
habitées de toutes les provinces;
se présente dans les prairies, les
champs cultivés, les terrains vagues et sur le bord des routes. C'est
l'une des mauvaises herbes les
plus difficiles à combattre et on la
compte parmi les dix plantes les
plus nuisibles au monde. Fleurs
apparaissant vers la fin de juin.

GRAMINEAE
*Avena fatua* L.
**Wild Oats**

Annual, spreading by seeds; stems 2 to 4 feet high; introduced from Europe and Asia; in all provinces; probably the most troublesome weed growing in grainfields of the Prairie Provinces; delayed germination permits the plant to escape fall cultivation and survive the winter as a seed; flowers appear at the beginning of July.

GRAMINÉES
*Avena fatua* L.
**Folle avoine**

Plante annuelle, se propageant par graines; tiges de 2 à 4 pieds de hauteur; introduite d'Europe et d'Asie, elle est distribuée dans toutes les provinces. Elle est probablement la mauvaise herbe qui cause le plus d'ennuis dans les champs de céréales des Prairies. Son retard à germer permet à la plante d'échopper aux travaux de culture à l'automne et de survivre en hiver sous forme de graine; fleurs apparaissant au début de juillet.

GRAMINEAE

*Bromus tectorum* L.

**Downy Brome**

Annual or winter annual, spreading by seeds; often in large tufts; stems up to 2 feet high; introduced from Europe; occurs from Nova Scotia to British Columbia; most abundant under dry conditions, particularly in southwestern Alberta and the interior of British Columbia; inconspicuous flowers appear early and seed ripens from June to August.

GRAMINÉES

*Bromus tecorum* L.

**Brome des toits**

Plante annuelle ou annuelle hivernante formant souvent de grosses touffes pouvant atteindre 2 pieds de hauteur. Introduite d'Europe, elle se rencontre depuis la Nouvelle-Écosse jusqu'à la Colombie-Britannique. Se complaît dans des conditions arides particulièrement au sud-ouest de l'Alberta et à l'intérieur de la Colombie-Britannique. Les fleurs peu voyantes apparaissent tôt et ses graines mûrissent depuis juin jusqu'en août.

GRAMINEAE
*Digitaria ischaemum* (Schreb.)
Muhl.
**Smooth Crab Grass**

Annual, spreading by seeds; native to Europe and Asia; in all provinces except Newfoundland; aggressive weed of lawns, gardens, waste places, and along roadsides in southern Ontario and Quebec; particularly troublesome in lawns, where its flowering stems, tendency to sprawl, purple colour, and rapid growth late in the summer are obnoxious; flowers appear from mid-July to late September.

GRAMINÉES
*Digitaria ischaemum* (Schreb.)
Muhl.
**Digitaire astringente**

Annuelle originaire d'Europe et d'Asie, elle se rencontre dans toutes les provinces excepté Terre-Neuve; mauvaise herbe agressive des pelouses, des jardins, des bords des routes et des terrains vagues dans le sud de l'Ontario et du Québec. Elle cause des ennuis surtout dans les pelouses où son port étalé, sa couleur pourpre et sa croissance rapide en fin d'été la rendent déplaisante.

GRAMINEAE

*Echinochloa crusgalli* (L.) Beauv.

**Barnyard Grass**

Annual, spreading by seeds; stems 1 to 4 feet high; introduced from Europe; common in all eastern provinces, but rare from Manitoba west; in cultivated fields, gardens, barnyards, waste places, ditches, and along riverbanks and roadsides; flowers from July to September.

GRAMINÉES

*Echinochloa crusgalli* (L.) Beauv.

**Échinochloa pied-de-coq**

Plante annuelle se propageant par ses graines; tiges de 4 pieds de hauteur. Introduite d'Europe, elle est commune à toutes les provinces de l'Est, mais rare à partir du Manitoba vers l'Ouest; on la rencontre dans les champs cultivés, les jardins, les cours de fermes, les terrains vagues, les fossés, les berges de rivières et le bord des routes. Fleurissant de juillet à septembre.

GRAMINEAE

*Hordeum jubatum* L.

**Foxtail Barley**

Perennial, spreading by seeds; stems 1 to 2 feet high; native to western North America; in every province; in native habitats and in meadows, lawns, waste places, and along roadsides; structures enclosing seed have sharp bristles that can cause serious injury to mouths or skin of livestock; flowers appear in July.

GRAMINÉES

*Hordeum jubatum* L.

**Orge queue d'écureuil**

Plante vivace, à tiges de 1 à 2 pieds de hauteur qui se propage par graines; originaire de l'ouest de l'Amérique du Nord, elle se rencontre dans toutes les provinces, dans les habitats naturels ainsi que dans les prairies, les pelouses, les terrains vagues et le bord des routes. L'enveloppe de la graine porte des soies pointues qui peuvent causer de graves irritations à la bouche ou à la peau des bestiaux. Elle fleurit en juillet.

19

GRAMINEAE
*Panicum capillare* L.
**Witch Grass**

Annual, spreading by seeds;
stems a few inches to 3 feet high;
native to North America; in all
provinces except Newfoundland;
particularly troublesome in gardens and cultivated fields of
southern Ontario and southern
Quebec; witch grass germinates
late, but grow vigorously and is
well developed by July; flowers
from July to September.

GRAMINÉES
*Panicum capillare* L.
**Panic capillaire**

Plante annuelle dont les tiges
mesurent de quelques pouces à 3
pieds de hauteur. Indigène de
l'Amérique de Nord, elle se rencontre dans toutes les provinces
excepté Terre-Neuve; particulièrement nuisible dans les
jardins et les champs cultivés du
sud de l'Ontario et du Québec. Le
panic capillaire germe tardivement mais croît vigoureusement
et est bien développé lorsqu'arrive juillet; fleurissant de juillet à
septembre.

GRAMINEAE
*Setaria viridis* (L.) Beauv.
**Green Foxtail**

Annual, spreading by seeds;
stems 3 inches to 3 feet high;
introduced from Europe; in all
provinces; particularly troublesome in the Prairie Provinces; in
grainfields, gardens, waste
places, and along roadsides;
seeds of green foxtail germinate
mainly between May 15 and June
15, so that early spring and late
summer cultivation have little
effect on control; flowers appear
from July to September.

GRAMINÉES
*Setaria viridis* (L.) Beauv.
**Sétaire verte**

Plante annuelle, ne se propageant
que par ses graines; hauteur des
tiges variant entre 3 pouces et 3
pieds. Introduite d'Europe, elle
se rencontre dans toutes les provinces où elle occupe les jardins,
les terrains vagues et le bord des
routes. Les graines de la sétaire
verte germent généralement
entre le 15 mai et le 15 juin, de
sorte que les binages au début du
printemps et en fin d'été ont peu
d'effet pour la combattre.

URTICACEAE
*Urtica dioica* L.
**Stinging Nettle**

Perennial; stems 1 to 8 feet high; native to North America; in every province; grows along roadsides, rivers, and streams, and in waste places; contact with stinging hairs can cause great discomfort, an intense itching of short duration; flowers from June to September.

URTICACÉES
*Urtica dioica* L.
**Ortie dioïque**

Plante vivace à tiges de l à 8 pieds de hauteur. Indigène de l'Amérique du Nord, elle se rencontre dans chaque province; pousse le long des routes, des rivières et des ruisseaux ainsi que dans les terrains vagues. Les contacts avec ses poils piquants peuvent causer beaucoup de malaises, soit une démangeaison intense de peu de durée; fleurit de juin à septembre.

POLYGONACEAE
*Polygonum achoreum* Blake
**Striate Knotweed**

Annual, spreading by seeds;
prostrate to semi-erect; native to
North America; in all provinces
except Newfoundland and Prince
Edward Island; common along
roadsides and in waste places;
inconspicuous flowers present
from July to September.

POLYGONACÉES
*Polygonum achoreum* Blake
**Renouée coriace**

Plante annuelle, se propageant
par ses graines; port variant de
couché à semi-couché. Indigène
de l'Amérique du Nord, elle
pousse dans toutes les provinces,
à l'exception de Terre-Neuve et de
l'Île du Prince-Édouard; se rencontre communément le long
des routes et dans les terrains
vagues. Elle produit des fleurs
peu voyantes depuis juillet
jusqu'à septembre.

POLYGONACEAE
*Polygonum aviculare* L.
**Prostrate Knotweed**

Annual, seeds germinate very
early in the spring; prostrate to
semi-erect; introduced from
Europe and Asia; in all provinces;
most common on trampled land
around habitations; also in waste
places, cultivated fields, and
along roadsides; flowers from
June to September.

POLYGONACÉES
*Polygonum aviculare* L.
**Renouée des oiseaux**

Annuelle dont les graines poussent très tôt au printemps; port
variant de couché à semi-dressé.
Introduite d'Europe, elle pousse
dans toutes les provinces; se
trouve surtout sur la terre
piétinée autour des habitations;
aussi sur le bord des routes, dans
les terrains vagues et les champs
cultivés. Fleurit de juin à
septembre.

POLYGONACEAE
*Polygonum convolvulus* L.
**Wild Buckwheat**

Annual, spreading by seeds; introduced from Europe; in settled areas of all provinces; most abundant in the Prairie Provinces; in grainfields, row crops, gardens, waste places, and along roadsides; stems of this weed frequently twine about other plants; flowers in late June and July.

POLYGONACÉES
*Polygonum convolvulus* L.
**Renouée liseron**

Annuelle, se propageant par graines. Introduite d'Europe, elle se rencontre dans les régions habitées de toutes les provinces; très abondante dans les provinces des Prairies; on la trouve dans les champs de céréales, les cultures sarclées, les terrains incultes et le bord des routes. La tige de cette mauvaise herbe s'enroule souvent autour d'autres plantes. Fleurit à la fin de juin et en juillet.

POLYGONACEAE
*Polygonum lapathifolium* L.
**Pale Smartweed**

Annual, spreading by seeds; stems 1 to 5 feet high; native to North America and Europe; in all provinces, but most abundant in the Prairie Provinces; in grainfields, cultivated fields, waste places, and along roadsides; its elongate and nodding spikes distinguish it from other smartweeds; flowers first appear in July.

POLYGONACÉES
*Polygonum lapathifolium* L.
**Persicaire pâle**

Plante annuelle à tiges de 1 à 5 pieds de hauteur. Indigène de l'Amérique du Nord et de l'Europe, elle se rencontre dans toutes les provinces mais abonde surtout dans les Prairies; on la trouve dans les champs de céréales, les champs cultivés, le bord des routes et les terrains incultes. Ses épis allongés et inclinées la distinguent des autres persicaires. Commence à fleurir en juillet.

POLYGONACEAE
*Polygonum persicaria* L.
**Lady's-thumb**

Annual, reproducing by seeds; stems 6 inches to 3 feet high; introduced from Europe; in all provinces; in grainfields, cultivated fields, waste places, and along roadsides; this and some other smartweeds frequently have a dark blotch on the leaf surface; flowers first in June.

POLYGONACÉES
*Polygonum persicaria* L.
**Renouée persicaire**

Annuelle se reproduisant par ses graines; tiges variant de 6 pouces à 3 pieds de hauteur. Introduite d'Europe, elle se rencontre dans toutes les provinces où elle pousse dans les champs de céréales, les champs cultivés, le bord des routes et les terrains incultes. Comme d'autres espèces de renouées, elle porte souvent une tache foncée à la surface de ses feuilles; commence à fleurir en juin.

POLYGONACEAE
*Polygonum scabrum* Moench
**Green Smartweed**

Annual, spreading by seeds;
stems 1 to 3 feet high; introduced
from Europe; in all provinces, but
more abundant in the Maritime
Provinces and the Fraser Valley of
British Columbia; in grainfields,
cultivated fields, waste places,
and along roadsides; flowers first
appear in July.

POLYGONACÉES
*Polygonum scabrum* Moench
**Renouée scabre**

Plante annuelle à tiges de 1 à 3
pieds de hauteur. Introduite
d'Europe, elle se rencontre dans
toutes les provinces mais abonde
surtout dans les Maritimes et la
vallée du Fraser en Colombie-
Britannique. On la trouve dans
les champs de céréales, les
champs cultivés, le bord des
routes et les terrains incultes. Elle
commence à fleurir en juillet.

POLYGONACEAE
*Rumex acetosella* L.
**Sheep Sorrel**

Perennial, spreading by seeds and underground rootstocks; stems 6 to 12 inches high; introduced from Europe and Asia; occurs in every province; rare in the Prairie Provinces and common in southern British Columbia and eastern Canada; in meadows, pastures, and along roadsides; male and female flowers are on separate plants; flowers from June to October.

POLYGONACÉES
*Rumex acetosella* L.
**Petite oseille**

Plante vivace, se propageant par graines et rhizomes, dont les tiges mesurent 6 à 12 pouces de hauteur. Introduite d'Europe et d'Asie, elle se rencontre dans toutes les provinces, rare dans les Prairies mais commune dans le sud de la Colombie-Britannique et l'Est canadien. On la trouve dans les prés, les pâturages et le bord des routes. Les fleurs mâles et femelles sont produites sur des plants séparés. Fleurit de juin à octobre.

POLYGONACEAE
*Rumex crispus* L.
**Curled Dock**

Perennial, spreading by seeds; stems up to 3 feet high; introduced from Europe and Asia; in all provinces, but most abundant in the eastern provinces; occurs in meadows, pastures, waste places, and along roadsides; there are a number of other perennial docks that resemble curled dock; flowers first in the middle of June.

POLYGONACÉES
*Rumex crispus* L.
**Patience crépue**

Plante vivace se propageant par ses graines; tiges montant jusqu'à 3 pieds de hauteur. Introduite d'Europe, elle se rencontre dans toutes les provinces, mais en plus grande abondance dans les provinces de l'Est où elle croît dans les prés, les pâturages, le bord des routes et les terrains incultes. Il existe un certain nombre d'autres patiences qui ressemblent à la crépue. Commence à fleurir au milieu de juin.

CHENOPODIACEAE

*Axyris amaranthoides* L.

**Russian Pigweed**

Annual, spreading by seeds; stems up to 4 feet high; introduced from Asia; in every province except Newfoundland; most common in the Prairie Provinces; in grainfields, gardens, farmyards, waste places, and along roadsides; flowers from June to August.

CHÉNOPODIACÉES

*Axyris amaranthoides* L.

**Ansérine de Russie**

Plante annuelle, se propageant par graines et dont les tiges atteignent 4 pieds de hauteur. Originaire d'Asie, elle se rencontre dans toutes les provinces, à l'exception de Terre-Neuve; commune surtout dans les Prairies. On la trouve dans les champs de céréales, les jardins, les cours de ferme, les terrains incultes et le bord des routes. Fleurit de juin à août.

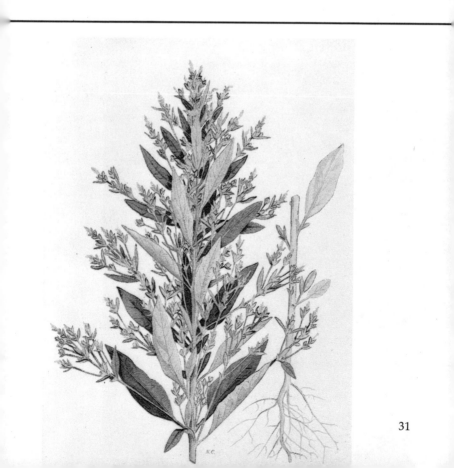

CHENOPODIACEAE
*Chenopodium album* L.
**Lamb's-quarters**

Annual, spreading by seeds; stems 1 to 6 feet high; introduced from Europe; in all settled areas of Canada; in row crops, grain-fields, gardens, and along road-sides; a number of closely related plants, resembling lamb's-quarters, are also widespread in Canada; flowers from June to September.

CHÉNOPODIACÉES
*Chenopodium album* L.
**Chénopode blanc**

Plante annuelle, se propageant par graines et dont les tiges mesu-rent de 1 à 6 pieds de hauteur. Introduite d'Europe, elle se ren-contre dans toutes les régions habitées du Canada. On la trouve dans les cultures sarclées, les champs de céréales, les jardins et en bordure des routes. Un certain nombre de plantes étroitement apparentées au chénopode blanc sont aussi très répandues au Canada. Fleurit de juin à septembre.

CHENOPODIACEAE
*Kochia scoparia* (L.) Schrader
**Kochia**

Annual, spreading by seeds;
stems 1 to 7 feet high; introduced
from Europe and Asia; in all provinces except Newfoundland,
Prince Edward Island, and New
Brunswick; most common in cultivated fields, waste places, and
along roadsides in the Prairie
Provinces and the interior of
British Columbia; flowers from
July to September.

CHÉNOPODIACÉES
*Kochia scoparia* (L.) Schrader
**Kochia à balais**

Plante annuelle, se propageant
par ses graines et à tiges de 1 à 7
pieds de hauteur; originaire
d'Europe et d'Asie; elle se rencontre dans toutes les provinces
excepté Terre-Neuve, l'Île du
Prince-Édouard et le Nouveau-
Brunswick; dans les Prairies
et à l'intérieur de la Colombie –
Britannique, on la trouve très souvent dans les champs cultivés,
les terrains incultes et le bord
des routes; fleurit de juillet
à septembre.

CHENOPODIACEAE
*Salsola pestifer* Nels.
**Russian-thistle**

Annual, spreading by seeds;
stems a few inches to nearly 5 feet
high; introduced from Europe
and Asia; abundant in the drier
parts of the Prairie Provinces;
after seeds mature, the nearly
spherical plant breaks away near
ground level, and the plant is
rolled great distances by the
wind; flowers first in early July.

CHÉNOPODIACÉES
*Salsola pestifer* Nels.
**Soude roulante**

Plante annuelle, se propageant
par graines et à tiges variant de
quelques pouces à près de 5 pieds
de hauteur; introduite d'Europe
et d'Asie; elle se rencontre dans
toutes les provinces excepté
Terre-Neuve; très abondante
dans les parties les plus arides des
Prairies. Après que les graines
ont mûri, la plante qui est presque sphérique se détache au
niveau du sol et roule sur de
grandes distances sous la poussée
des vents.

AMARANTHACEAE
*Amaranthus retroflexus* L.
**Redroot Pigweed**

Annual, spreading by seeds;
stems a few inches to 4 feet high;
native to North America; in all
provinces except Newfoundland;
grows in gardens, row crops,
waste places, and along roadsides; the plant has a characteristic red root, thus its common
name; flowers from July to
September.

AMARANTHACÉES
*Amaranthus retroflexus* L.
**Amarante réfléchie**

Plante annuelle, se propageant
par graines et dont les tiges va-
rient entre quelques pouces et 4
pieds de hauteur; indigène de
l'Amérique du Nord, elle se rencontre dans toutes les provinces
excepté Terre-Neuve. Elle pousse
dans les jardins, les cultures
sarclées, les terrains incultes et le
bord des routes. Cette plante possède une racine rouge caractéris-
tique. On la désigne parfois
sous le nom d'amarante racine-
rouge. Fleurit de juillet à
septembre.

PORTULACACEAE
*Portulaca oleracea* L.
**Purslane**

Annual, reproducing by seeds;
stem prostrate, stout, and fleshy;
introduced from Europe and
Asia; in every province except
Newfoundland; most common in
gardens but also grows in row
crops, waste places, and along
driveways; can produce seed
without the flowers opening up;
small yellow flowers appear first
about the middle of July.

PORTULACACÉES
*Portulaca oleracea* L.
**Pourpier potager**

Plante annuelle, se propageant
par graines; tige couchée vi-
goureuse et succulente. Originaire
d'Europe et d'Asie, elle se rencontre dans les jardins mais
croît aussi dans les cultures
sarclées, les terrains incultes et le
long des promenades. Peut pro-
duire des graines sans que ses
fleurs s'épanouissent; petites
fleurs jaunes faisant leur apparition vers la mi-juillet.

CARYOPHYLLACEAE

*Cerastium vulgatum* L.

**Mouse-eared Chickweed**

Perennial, forming patches; spreading both by seeds and by roots on prostrate stems; introduced from Europe; in every province; most abundant on the Pacific Coast and east of the Great Lakes; in lawns, gardens, pastures, cultivated fields, and along roadsides; flowers from early spring until late autumn.

CARYOPHYLLACÉES

*Cerastium vulgatum* L.

**Céraiste vulgaire**

Plante vivace, formant des talles; se propageant par graines et par racines sur ses tiges couchées. Introduite d'Europe, elle se rencontre dans toutes les provinces mais abonde surtout sur la côte du Pacifique et à l'est des Grands lacs, dans les pelouses, les jardins, les pâturages, les champs cultivés et le bord des routes. Fleurit depuis le début du printemps jusqu'à la fin de l'automne.

CARYOPHYLLACEAE
*Lychnis alba* Mill.
**White Cockle**

Biennial or short-lived perennial, spreading by seeds; stems up to 4 feet high; native to Europe; in all provinces, but rare in the Prairie Provinces; grows in hayfields, grainfields, waste places, and along roadsides; male and female flowers are on separate plants; flowers from June to September.

CARYOPHYLLACÉES
*Lychnis alba* Mill.
**Lychnide blanche**

Plante bisannuelle ou vivace de courte durée, se propageant par ses graines; tiges atteignant 4 pieds de hauteur. Indigène d'Europe, on la rencontre dans toutes les provinces mais elle est plutôt rare dans les Prairies. Elle pousse dans les champs de foin et de céréales, le terrains incultes et le bord de routes. Les fleurs mâles et femelles sont portées par des plantes différentes. Fleurit de juin à septembre.

CARYOPHYLLACEAE
*Saponaria vaccaria* L.
**Cow Cockle**

Annual, spreading by seeds;
stems 6 inches to 2 feet high;
introduced from Europe and
Asia; in every province except
Prince Edward Island and Newfoundland; a serious weed only
in grainfields of the Prairie Provinces, especially on fine tex-
tured soils; the seeds are poisonous to animals; flowers from June
to September.

CARYOPHYLLACÉES
*Saponaria vaccaria* L.
**Saponaire des vaches**

Plante annuelle, se propageant
par graines; tiges de 6 pouces à 2
pieds de hauteur. Introduite
d'Europe et d'Asie, elle se rencontre dans toutes les provinces
excepté dans l'Île du Prince-
Édouard et Terre-Neuve. Elle est
considérée comme vraiment
nuisible seulement dans les
champs de céréales des Prairies,
particulièrement sur les sols à
texture fine. Ses graines sont
vénéneuses pour les animaux.
Elle fleurit de juin à septembre.

CARYOPHYLLACEAE
*Silene cucubalus* Wibel
**Bladder Campion**

Perennial, spreading mainly by
seeds; forming clumps about 18
inches high; introduced from
Europe and Asia; in all provinces,
most common in eastern Canada;
in hayfields, cultivated fields,
waste places, and along roadsides; flowers pinched at the
open end can be popped against
the palm; flowers from mid-June
until September.

CARYOPHYLLACÉES
*Silene cucubalus* Wibel
**Silène enflé**

Plante vivace, se propageant
surtout par ses graines et formant
des touffes d'environ 18 pouces
de hauteur. Originaire d'Europe
et d'Asie, elle se rencontre dans
toutes les provinces mais est
surtout commune dans l'Est du
Canada. Elle croît dans les
champs cultivés, les terrains incultes et le bord des routes. En les
pinçant à leur extrémité ouverte,
on peut faire éclater les fleurs sur
la paume de la main. Floraison
depuis la mi-juin.

CARYOPHYLLACEAE
*Silene noctiflora* L.
**Night-flowering Catchfly**

Annual, spreading by seeds;
stems usually up to 18 inches
high; introduced from Europe; in
all provinces; night-flowering
catchfly is sticky when squeezed
between the fingers, whereas the
superficially similar white cockle
is not sticky; whitish flowers
open only at night or on very dull
days; flowers from June to
September.

CARYOPHYLLACÉES
*Silene noctiflora* L.
**Silène noctiflore**

Plante annuelle, se propageant
par graines et dont les tiges
atteignent habituellement 18
pouces de hauteur. Introduite
d'Europe, elle se rencontre dans
toutes les provinces. Le silène
noctiflore est visqueux lorsqu'on
le presse entre les doigts tandis
que la lychnide blanche qui lui
ressemble superficiellement n'est
pas gluante. Ses fleurs blanchâtres ne s'ouvrent que la nuit
ou aux jours très sombres.
Floraison de juin à septembre.

41

CARYOPHYLLACÉES
*Spergula arvensis* L.
**Corn Spurry**

Annual, spreading by seeds;
stems 6 to 18 inches high;
introduced from Europe; in all
provinces except Manitoba and
Saskatchewan, common only
in southeastern Quebec, the
Maritime Provinces, and southwestern British Columbia; in
grainfields, row crops, gardens,
and along roadsides; flowers
from June to October.

CARYOPHYLLACEAE
*Spergula arvensis* L.
**Spargoute des champs**

Plante annuelle, se propageant
par graines. Introduite d'Europe,
elle se rencontre dans toutes les
provinces, à l'exception du Manitoba et de la Saskatchewan; n'est
commune que dans le sud-est du
Québec, les provinces Maritimes
et le sud-ouest de la Colombie-
Britannique. Elle croît dans les
champs de céréales, les cultures
sarclées, les jardins et le bord des
routes.

CARYOPHYLLACEAE
*Stellaria media* (L.) Vill.
**Chickweed**

Annual or winter annual, spreading by seeds, stems also root at their nodes; introduced from Europe; in all provinces, but most common in British Columbia and eastern Canada; in grainfields, row crops, pastures, gardens, lawns, and waste places; flowers from early spring until late autumn.

CARYOPHYLLACÉES
*Stellaria media* (L.) Vill.
**Stellaire moyenne**

Plante annuelle ou annuelle hivernante, se propageant par ses graines, ses tiges et ses racines aux nodules. Introduite d'Europe, on la rencontre dans toutes les provinces mais elle est surtout commune dans la Colombie-Britannique et l'Est du Canada où elle vient dans les champs de céréales, les cultures sarclées, les pâturages, les jardins, les pelouses et les terrains incultes. Floraison depuis le début du printemps.

RANUNCULACEAE
*Ranunculus acris* L.
**Tall Buttercup**

Perennial, reproducing by seeds;
stems 1½ to 3 feet high; introduced from Europe; in all provinces; most abundant in eastern
Canada; in pastures, hayfields,
and along roadsides; usually not
grazed by livestock but if eaten
poisoning may result; flowers
from late May until September.

RENONCULACÉES
*Ranunculus acris* L.
**Renoncule âcre**

Plante vivace, se propageant par
graines; tiges mesurant de 1½
jusqu'à 3 pieds de hauteur. Introduite d'Europe, elle se rencontre
dans les pâturages, les prairies et
en bordure des routes. Les bestiaux n'en consomment habituellement pas, mais s'ils en ingè-
rent, ils peuvent s'intoxiquer.
Floraison depuis la fin de mai
jusqu'en septembre.

RANUNCULACEAE
*Ranunculus repens* L.
**Creeping Buttercup**

Perennial with creeping shoots; frequently prostrate; introduced from Europe; in all provinces except Manitoba and Saskatchewan; most common in the Maritime Provinces and coastal British Columbia; in pastures, lawns, and waste places; flowers from May to August.

RENONCULACÉES
*Ranunculus repens* L.
**Renoncule rampante**

Plante vivace à pousses rampantes et à port souvent couché. Originaire d'Europe, elle se rencontre dans toutes les provinces excepté le Manitoba et la Saskatchewan; surtout commune dans les provinces Maritimes et sur la côte de la Colombie-Britannique où elle croît dans les pelouses et les terrains incultes. Floraison de mai à août.

CRUCIFERAE
*Barbarea vulgaris* R.Br.
**Yellow Rocket**

Biennial or perennial; spreading
by seeds; stems to 2 feet high;
introduced from Europe; in all
provinces; particularly common
in hayfields, pastures, and along
roadsides in eastern Canada; one
of the first weeds to flower in the
spring; large clusters of yellow
flowers appear in May and June.

CRUCIFÈRES
*Barbarea vulgaris* R.Br.
**Barbarée vulgaire**

Plante bisannuelle ou vivace; se
propageant par graines; tiges de 2
pieds de hauteur. Introduite
d'Europe, elle se rencontre dans
toutes les provinces; particulièrement commune dans les
prairies, les pâturages et le bord
des routes dans l'Est du Canada.
C'est l'une des premières
mauvaises herbes à fleurir au
printemps. Production de gros
trochets de fleurs jaunes en mai et
juin.

CRUCIFERAE

*Brassica campestris* L.

**Bird Rape**

Annual or winter annual; spreading by seeds; stems 8 inches to 3 feet high; introduced from Europe and Asia; in all provinces, but most common in the Maritime Provinces, adjacent Quebec, and coastal British Columbia; in cultivated fields, waste places, and along roadsides; forms fertile hybrids when crossed with the cultivated turnip and rape; flowers from April to June.

CRUCIFÈRES

*Brassica campestris* L.

**Moutarde des oiseaux**

Plante annuelle ou annuelle hivernante, se propageant par graines; tiges de 8 pouces à 3 pieds de hauteur. Introduite d'Europe et d'Asie, elle se rencontre dans toutes les provinces, mais surtout commune dans les Maritimes, au voisinage du Québec ainsi que sur la côte de la Colombie-Britannique où elle croît dans les champs cultivés, le bord des routes et les terrains incultes. Floraison d'avril à juin.

47

CRUCIFERAE
*Capsella bursa-pastoris* (L.) Medic.
**Shepherd's-purse**

Annual or winter annual, spreading by seeds; stems a few inches to 3 feet high; introduced into North America from Europe before 1700 and now found in the settled areas of all provinces; in grainfields, row crops, gardens, and along roadsides; one of the most common weeds of Canada; flowers from early spring until late autumn.

CRUCIFÈRES
*Capsella bursa-pastoris* (L.) Medic.
**Bourse-à-pasteur**

Plante annuelle ou annuelle hivernante, se propageant par ses graines; tiges de quelques pouces à 3 pieds de hauteur. Introduite d'Europe en Amérique du Nord, avant 1700, on la trouve maintenant dans toutes les régions habitées de toutes les provinces où elle pousse dans les champs de céréales, les cultures sarclées, les jardins et en bordure des routes. C'est l'une des mauvaises herbes les plus répandues; floraison depuis le début du printemps.

CRUCIFERAE
*Conringia orientalis* (L.) Dumort.
**Hare's-ear Mustard**

Annual or winter annual; spreading by seeds; stems 6 inches to 2 feet high; introduced from Europe; in all provinces; most abundant in the Prairie Provinces; in fields, gardens, and along roadsides; seeds of this plant may cause poisoning when fed in grain; flowers from May until August.

CRUCIFÈRES
*Conringia orientalis* (L.) Dumort.
**Vélar d'Orient**

Annuelle ou annuelle hivernante, se propageant par ses graines; tiges de 6 pouces à 2 pieds de hauteur. Introduite d'Europe, elle se rencontre dans toutes les provinces mais abonde surtout dans les Prairies où elle pousse dans les champs, les jardins et le bord des routes. Les graines de cette plante peuvent être toxiques s'il s'en trouve dans les céréales fourragères. Floraison de mai jusqu'en août.

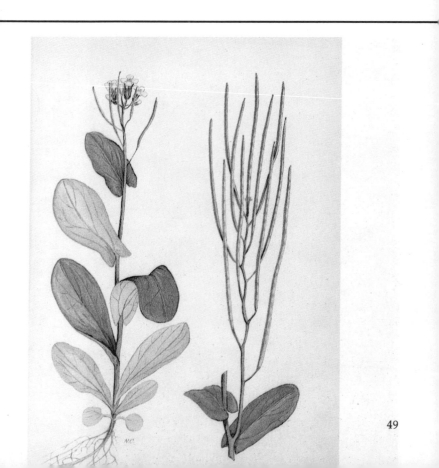

49

CRUCIFERAE
*Descurainia sophia* (L.) Webb
**Flixweed**

Annual or biennial, spreading by seeds; stems up to 3 feet high; introduced from Europe; in all provinces; in grainfields, gardens, waste places, and along roadsides; one of the most abundant weeds of the Canadian Prairies; flowers from May until July.

CRUCIFÈRES
*Descurainia sophia* (L.) Webb
**Sagesse des chirurgiens**

Plante annuelle ou bisannuelle, se propageant par ses graines; tiges atteignant jusqu'à 3 pieds de hauteur. Introduite d'Europe, elle se rencontre dans toutes les provinces où elle croît dans les champs de céréales, les jardins, les terrains incultes et le long des routes. C'est l'une des mauvaises herbes qui abonde le plus dans les Prairies canadiennes. Floraison depuis mai jusqu'en juillet.

*Erysimum cheiranthoides* L.

**Wormseed Mustard**

Annual or winter annual, spreading by seeds; stems a few inches to 4 feet high; introduced from Europe; in all provinces, the Mackenzie District, and the Yukon; grows in cultivated land, waste places, and also in native habitats; flowers from June until late autumn.

CRUCIFÈRES

*Erysimum cheiranthoides* L.

**Vélar fausse giroflée**

Annuelle ou annuelle hivernante; se propageant par graines; tiges de quelques pouces à 4 pieds de hauteur. Introduite d'Europe, elle se rencontre dans toutes les provinces, la région de Mackenzie et le Yukon où elle croît dans les sols cultivés, les terrains incultes ainsi que dans les habitats naturels. Floraison de juin à la fin de l'automne.

CRUCIFERAE

*Erysimum hieraciifolium* L.

**Tall Wormseed Mustard**

Perennial, reproducing by seeds;
stems 6 inches to 6 feet high;
introduced from Europe about
1950 and now known in Nova
Scotia, Quebec, Ontario, and
Saskatchewan; mainly along
roadsides, in some areas forming
dense stands; flowers first in
mid-June.

CRUCIFÈRES

*Erysimum hieraciifolium* L.

**Vélar odorant**

Plante vivace, se propageant par
graines; tiges de 6 pouces à 6
pieds de hauteur; introduite
d'Europe vers 1950, on la trouve
maintenant en Nouvelle-Écosse,
au Québec, en Ontario et en Saskatchewan où elle pousse
généralement sur le bord des
routes et forme parfois des
peuplements denses en certains
endroits. Commence à fleurir à la
mi-juin.

CRUCIFERAE
*Lepidium densiflorum* Schrad.
**Common Pepper-grass**

Annual or winter annual, spreading by seeds; stems 8 inches to 2 feet high; native to North America; in all provinces; in cultivated fields, waste places, and along roadsides; flowers from June until August.

CRUCIFÈRES
*Lepidium densiflorum* Schrad.
**Lépidie densiflore**

Annuelle ou annuelle hivernante, se propageant par ses graines; tiges de 8 pouces à 2 pieds de hauteur. Indigène de l'Amérique du Nord, elle se rencontre dans toutes les provinces où elle pousse dans les champs cultivés, les terrains incultes et le bord des routes. Floraison jaune à partir de juin jusqu'en août.

53

CRUCIFERAE
*Neslia paniculata* (L.) Desv.
**Ball Mustard**

Annual, spreading by seeds; stems 1 to 3 feet high; introduced from Europe as early as 1891 and now occurs in all provinces; particularly common in grainfields of the Prairie Provinces, along railway lines, and in waste places; flowers from June until September.

CRUCIFÈRES
*Neslia paniculata* (L.) Desv.
**Neslie paniculée**

Plante annuelle; se propageant par graines; tiges de 1 à 3 pieds de hauteur; déjà introduite d'Europe en 1891 et se rencontrant maintenant dans toutes les provinces, surtout dans les champs de céréales des Prairies et le long des lignes de chemin de fer ou dans les terrains incultes. Floraison depuis juin jusqu'en septembre.

CRUCIFERAE
*Raphanus raphanistrum* L.
**Wild Radish**

Annual or winter annual, spreading by seeds; stems 1 to 3 feet high; introduced from Europe; most common in the Maritime Provinces, southern Vancouver Island, and the Fraser Valley of British Columbia; in grainfields, row crops, waste places, and along roadsides; flowers from May until July.

CRUCIFÈRES
*Raphanus raphanistrum* L.
**Radis sauvage**

Annuelle ou annuelle hivernante, se propageant par ses graines; tiges de 1 à 3 pieds de hauteur. Introduite d'Europe, elle se rencontre le plus communément dans les provinces Maritimes, dans le sud de l'île de Vancouver et dans la vallée du Fraser, en Colombie-Britannique. Elle croît dans les champs de céréales, les cultures sarclées, les terrains incultes et en bordure des routes. Fleurit depuis mai jusqu'en juillet.

CRUCIFERAE
*Sinapis arvensis* L.
**Wild Mustard**

Annual, reproducing by seeds;
stems 1 to 3 feet high; introduced
from Eurasia; in every province;
one of the most abundant weeds
in grainfields of the Prairie Provinces; in grainfields, row crops,
waste places, and along roadsides; can be distinguished from
other mustards by the presence of
small downward-pointing hairs
on the stem; flowers from June
until autumn.

CRUCIFÈRES
*Sinapis arvensis* L.
**Moutarde des champs**

Plante annuelle, se propageant
par ses graines; tiges de 1 à 3
pieds de hauteur. Introduite
d'Eurasie, elle se rencontre dans
chaque province. C'est l'une des
mauvaises herbes les plus communes des champs de céréales
des Prairies. Elle croît dans les
champs de céréales, les cultures
sarclées, les terrains incultes et le
long des routes. La présence sur
sa tige de petits poils pointant
vers le bas permet de la séparer
des autres moutardes.

CRUCIFERAE

*Sisymbrium altissimum* L.

**Tumble Mustard**

Annual or winter annual, spreading by seeds; stems up to 4 feet high; introduced from Europe; in every province; particularly abundant in the Prairie Provinces; in grainfields, grasslands, waste places, and along roadsides; at maturity, stem often broken at the base, and the whole plant is blown by the wind; flowers from early spring until late summer.

CRUCIFÈRES

*Sisymbrium altissimum* L.

**Sisymbre élevé**

Annuelle ou annuelle hivernante, se propageant par graines; tiges atteignant 4 pieds de hauteur. Introduite d'Europe, elle se rencontre dans toutes les provinces et abonde surtout dans les Prairies. Elle croît dans les champs de céréales, les sols en herbages, les terrains incultes et le bord des routes. A maturité, les tiges se brisent souvent à leur base et toute la plante est alors entraînée par le vent. Fleurit depuis le début du printemps.

57

CRUCIFERAE

*Thlaspi arvense* L.

**Stinkweed**

Annual or winter annual, spreading by seeds; stems a few inches to 2 feet high; introduced from Europe and Asia; in all provinces; in grainfields, hayfields, gardens, and waste places, and is most troublesome in the grain-growing areas of the Prairie Provinces; crushed leaves produce an unpleasant odour; white flowers present from early spring until late autumn.

CRUCIFÈRES

*Thlaspi arvense* L.

**Tabouret des champs**

Annuelle ou annuelle hivernante, se propageant par ses graines; tiges variant de quelques pouces à 2 pieds de hauteur. Introduite d'Europe et d'Asie, elle se rencontre dans toutes les provinces où elle pousse dans les champs de grains, les prés, les jardins et les terrains incultes. Elle cause surtout des ennuis dans les régions productrices de céréales des Prairies. Écrasées, ses feuilles produisent une odeur désagréable.

ROSACEAE

*Potentilla argentea* L.

**Silvery Cinquefoil**

Perennial, spreading by seeds; prostrate to semi-erect; introduced from Europe; in all provinces except Alberta; most common in Ontario and western Quebec; in pastures, lawns, waste places, and along roadsides; flowers first appear in June.

ROSACÉES

*Potentilla argentea* L.

**Potentille argentée**

Plante vivace, se propageant par graines; de port couché à semi-dressé. Introduite d'Europe, elle se rencontre dans toutes les provinces excepté l'Alberta, mais abonde surtout dans l'Ontario et l'ouest du Québec où elle pousse dans les pâturages, les pelouses, le bord des routes et les terrains incultes. Début de floraison en juin.

ROSACEAE
*Potentilla norvegica* L.
**Rough Cinquefoil**

Biennial or short-lived perennial; spreading by seeds; stems 6 inches to 2 feet high; native to North America; common in all provinces; in grainfields, hayfields, pastures, gardens, woods, and waste places; yellow flowers present mainly in June and July.

ROSACÉES
*Potentilla norvegica* L.
**Potentille de Norvège**

Plante bisannuelle ou vivace de courte durée se propageant par graines; tiges de 6 pouces à 2 pieds de hauteur. Indigène de l'Amérique du Nord, elle se rencontre communément dans toutes les provinces où elle croît dans les champs de céréales, les prairies, les pâturages, les jardins, les bois et les terrains incultes. Production de fleurs jaunes durant presque tout juin et juillet.

ROSACEAE
*Potentilla recta* L.
**Sulphur Cinquefoil**

Perennial, spreading by seeds,
stems 6 inches to 1½ feet high;
introduced from Europe; in all
provinces; most abundant in Ontario and western Quebec; in pastures, hayfields, waste places,
and along roadsides, sulphur-
yellow petals present mainly in
July and August.

ROSACÉES
*Potentilla recta* L.
**Potentille dressée**

Plante vivace se propageant par
graines; tiges de 6 pouces à 1½
pied de hauteur. Introduite
d'Europe, elle se rencontre dans
toutes les provinces mais abonde
surtout en Ontario et dans l'ouest
du Québec où elle pousse dans
les pâturages, les prairies, les terrains incultes et en bordure des
routes. Produit des fleurs à
pétales jaune soufre durant presque tout juillet et août.

61

ROSACEAE

*Spiraea alba* Du Roi

**Narrow-leaved Meadowsweet**

Perennial shrub; stems up to 4
feet high; native to North America; occurs from southern Quebec
to Alberta; grows in old fields,
waste places, and along roadsides; clusters of white flowers
are present from June until
September.

ROSACÉES

*Spiraea alba* Du Roi

**Spirée blanche**

Arbuste vivace dont les tiges
peuvent atteindre 4 pieds. Indigène de l'Amérique du Nord, elle
se rencontre à partir du sud du
Québec jusqu'en Alberta et
pousse dans les vieux champs, les
bords des routes et les terrains
incultes. Produit des trochets de
fleurs blanches depuis juin
jusqu'en septembre.

LEGUMINOSAE
*Medicago lupulina* L.
**Black Medick**

Annual or winter annual, spreading by black seeds; mainly prostrate; introduced from Europe; in all provinces; in cultivated fields, pastures, waste places, and along roadsides; small clusters of yellow flowers are present from early spring until late autumn.

LÉGUMINEUSES
*Medicago lupulina* L.
**Lupuline**

Plante annuelle ou annuelle hivernante se propageant par graines noires; de port généralement couché. Introduite d'Europe, elle se rencontre dans toutes les provinces où elle pousse dans les champs cultivés, les pâturages, les bord des routes et les terrains incultes. Produit de petits trochets de fleurs jaunes depuis le début du printemps jusqu'à la fin de l'automne.

LEGUMINOSAE
*Melilotus alba* Desr.
**White Sweet-clover**

Annual, spreading by seeds;
stems up to 8 feet high; introduced from Europe; in all provinces; grows mainly along
roadsides and in waste places;
sometimes sown for forage, cover
crop, and green manuring; white
flowers are present from May
until October.

LÉGUMINEUSES
*Melilotus alba* Desr.
**Mélilot blanc**

Plante annuelle se propageant par
graines; tiges pouvant atteindre 8
pieds de hauteur. Introduite
d'Europe, elle se rencontre dans
toutes les provinces et croît
généralement sur le bord des
routes et dans les terrains incultes; on la sème parfois comme
plante fourragère, plante de
couverture et engrais vert.
Floraison blanche depuis mai
jusqu'en octobre.

LEGUMINOSAE
*Melilotus officinalis* (L.) Lam.
**Yellow Sweet-clover**

Annual, spreading by seeds; stems up to 7 feet high; introduced from Europe; in all provinces; grows mainly along roadsides and in waste places; in many areas of Canada white and yellow sweet-clovers form solid stands along the edges of roadsides; yellow flowers are present from May until October.

LÉGUMINEUSES
*Melilotus officinalis* (L.) Lam.
**Mélilot jaune**

Plante annuelle se propageant par graines; tiges atteignant 7 pieds de hauteur. Introduite d'Europe, elle se rencontre dans toutes les provinces où elle pousse le long des routes et dans les terrains incultes. En de nombreuses régions du Canada, les mélilots blancs et jaunes forment des peuplements denses le long des routes. Floraison jaune depuis mai jusqu'en octobre.

LEGUMINOSAE
*Vicia cracca* L.
**Tufted Vetch**

Perennial, frequently twining
about other plants; spreading by
seeds and rootstocks; introduced
from Europe; in all provinces;
most common in eastern Canada;
in meadows, pastures, gardens,
waste places, grainfields, and
row crops; flowers from early
June until October.

LÉGUMINEUSES
*Vicia cracca* L.
**Vesce jargeau**

Plante vicace se propageant par
graines et rhizomes. Introduite
d'Europe, elle s'enroule souvent
autour d'autres plantes et se rencontre dans toutes les provinces
mais surtout dans l'Est du
Canada où elle pousse dans les
prés, les pâturages, les jardins,
les terrains incultes, les champs
de céréales et les cultures sarclées.
Fleurit depuis le début de juin
jusqu'en octobre.

EUPHORBIACEAE

*Euphorbia cyparissias* L.

**Cypress Spurge**

Perennial, with underground rootstocks; stems usually about 1 foot high; introduced from Europe; in all provinces except Alberta; milky juice may cause severe skin rashes in humans, plant is poisonous to most livestock; sometimes grown as an ornamental; flowers in June and July.

EUPHORBIACÉES

*Euphorbia cyparissias* L.

**Euphorbe cyprès**

Plante vivace à rhizomes; tiges d'environ 1 pied de hauteur. Introduite d'Europe, elle se rencontre dans toutes les provinces excepté l'Alberta. Son jus laiteux peut causer de graves éruptions sur la peau des humains et la plante elle-même est toxique pour la plupart des bestiaux; on la cultive parfois comme plante ornementale. Fleurit en juin et juillet.

EUPHORBIACEAE
*Euphorbia esula* L.
**Leafy Spurge**

Perennial, spreading by seeds
and underground rootstocks;
stems up to 2½ feet high; introduced from Europe; in all provinces except Newfoundland;
most common on prairie lands;
milky juice may cause severe skin
rashes in humans, plant is
poisonous to most livestock;
flowers in June and July.

EUPHORBIACÉES
*Euphorbia esula* L.
**Euphorbe ésule**

Plante vivace, se propageant par
graines et par rhizomes; tiges
atteignant jusqu'à 2½ pieds de
longueur. Introduite d'Europe,
on la rencontre dans toutes les
provinces excepté Terre-Neuve,
mais elle est surtout commune
dans les Prairies. Son jus laiteux
peut causer de graves éruptions
épidermiques chez les humains
et la plante elle-même est toxique
pour la plupart des bestiaux.
Floraison en juin et juillet.

MALVACEAE
*Abutilon theophrasti* Medic.
**Velvetleaf**

Annual, spreading by seeds; stems up to 4 feet high; introduced from India; in Prince Edward Island and from Quebec to Saskatchewan; common only in southern Ontario; in cultivated fields, waste places, and along roadsides; flowers in August and September.

MALVACÉES
*Abutilon theophrasti* Medic.
**Mauve jaune**

Plante annuelle, se propageant par graines; tiges montant jusqu'à 4 pieds de hauteur. Introduite de l'Inde, elle se rencontre dans l'Île du Prince-Édouard et depuis le Québec jusqu'en Saskatchewan, mais elle n'est commune que dans le sud de l'Ontario; elle croît dans les champs cultivés, sur le bord des routes et dans les terrains incultes. Fleurit en août et septembre.

MALVACEAE
*Malva neglecta* Wallr.
**Common Mallow**

Annual to short-lived perennial, spreading by seeds; stems prostrate to semi-erect; introduced from Europe; in all provinces except Saskatchewan; most common in settled areas of Quebec, Ontario, and British Columbia; fruits form a disk about ½ inch in diameter; whitish to pale lilac petals present from May to October.

MALVACÉES
*Malva neglecta* Wallr.
**Mauve négligée**

Plante annuelle ou vivace de courte durée, se propageant par graines; port couché à semi-dressé; introduite d'Europe, elle se rencontre dans toutes les provinces sauf en Saskatchewan, mais surtout commune dans les régions habitées du Québec, de l'Ontario et de la Colombie-Britannique. Ses fruits forment un disque d'environ ½ pouce de diamètre. Produit des fleurs à pétales blanchâtres ou lilas pâle depuis mai jusqu'en octobre.

HYPERICACEAE
*Hypericum perforatum* L.
**St. John's-wort**

Perennial, spreading by seeds
and by shoots from underground
runners; stems 1 to 3 feet high;
introduced from Europe; in every
province except the Prairie Provinces; in rangelands, pastures,
meadows, waste places, and
along roadsides; St. John's-wort
contains a toxic substance that
affects white-haired animals
when they are exposed to strong
sunlight after having eaten the
plant; flowers from June until
September.

HYPERICACÉES
*Hypericum perforatum* L.
**Millepertuis perforé**

Plante vivace, se propageant par
ses graines et par des rejets issus
de courants souterrains. Introduite d'Europe, on la rencontre
dans toutes les provinces, excepté
celles des Prairies, et elle pousse
dans les pâturages libres ou cultivés, les prés, les terrains incultes et sur le bord des routes. Le
millepertuis perforé contient une
substance toxique qui affecte les
animaux à poils blancs lorsqu'ils
sont exposés au gros soleil après
en avoir consommé.

71

## ANACARDIACEAE

*Rhus radicans* L.

**Poison-ivy**

Woody perennial, spreading by seeds and sucker shoots; stem trailing along ground or climbing trees to 20 or 30 feet high; native to North America; in all provinces except Newfoundland; most common from Quebec City to the Great Lakes; juice from crushed portions of plant causes a characteristic skin blistering; fresh or dried juices carried on clothing, tools, dog fur, etc., produce a rash when they contact the skin of sensitive individuals; small clusters of whitish green flowers are present from June to August; clusters of small, round, dull white berries first appear in mid-July.

## ANACARDIACÉES

*Rhus radicans* L.

**Herbe à la puce**

Vivace ligneuse, se propageant par ses graines et des rejets; tige rampant sur le sol ou grimpant jusqu'à 20 ou 30 pieds dans les arbres. Indigène de l'Amérique du Nord, on la rencontre dans toutes les provinces excepté Terre-Neuve, mais elle est surtout commune à partir de la ville de Québec jusqu'aux Grands Lacs. Le jus des parties écrasées de cette plante cause des ampoules caractéristiques sur l'épiderme. Le jus frais ou séché transporté sur les vêtements, les outils, la fourrure des chiens, etc. cause de l'irritation lorsqu'il vient en contact avec l'épiderme d'individus qui y sont sensibles. Produit de petits trochets de fleurs vert blanchâtre depuis juin jusqu'en août. Des trochets de petites baies rondes d'un blanc terne font leur apparition à la mi-juillet.

LYTHRACEAE
*Lythrum salicaria* L.
**Purple Loosestrife**

Perennial with underground
rootstocks; stems up to 3 feet
high; a garden escape introduced
from Europe; in all provinces
except Saskatchewan; most
common in moist locations in
Quebec, Ontario, and the Fraser
Valley of British Columbia;
flowers from June to September.

LYTHRACÉES
*Lythrum salicaria* L.
**Salicaire**

Plante vivace à rhizomes, tiges
atteignant 3 pieds de hauteur.
Provenant de jardins d'Europe,
elle s'est implantée dans toutes
les provinces excepté la Saskatchewan; se rencontre surtout
dans les endroits humides du
Québec, de l'Ontario et de la
vallée du Fraser en Colombie-
Britannique. Fleurit de juin
à septembre.

ONAGRACEAE
*Oenothera biennis* L.
**Yellow Evening-primrose**

Biennial, spreading by seeds; stems 2 to 6 feet high; native to North America; in all provinces; more common in the east than in the west; in pastures, waste places, and along roadsides; evening-primrose forms a flat rosette the first year; flowers from July to September.

ONAGRACÉES
*Oenothera biennis* L.
**Onagre bisannuelle**

Plante bisannuelle, se propageant par graines; tiges de 2 à 6 pieds de hauteur. Indigène de l'Amérique du Nord, elle se rencontre dans toutes les provinces mais plus communément dans l'Est que dans l'Ouest; elle croît dans des pâturages, les terrains incultes et sur le bord des routes. A sa première année, l'onagre bisannuelle forme une rosette aplatie. Floraison de juillet à septembre.

UMBELLIFERAE
*Cicuta maculata* L.
**Spotted Water-hemlock**

Perennial, spreading by seeds; stems 3 to 6 feet high; native to Canada; in every province and north to the District of Mackenzie and the Yukon; in wet places; water-hemlocks are very poisonous to both humans and livestock; white flowers are present from June to August.

OMBELLIFÈRES
*Cicuta maculata* L.
**Carotte à moreau**

Plante vivace, se propageant par graines; tiges de 3 à 6 pieds de hauteur. Indigène du Canada, elle se rencontre dans chaque province et, au nord, dans la région du Mackenzie et le Yukon. La carotte à Moreau est très toxique tant pour les gens que pour les animaux. Produit des fleurs blanches depuis juin jusqu'en août.

UMBELLIFERAE
*Daucus carota* L.
**Wild Carrot**

Annual or biennial, spreading by seeds; stems up to 3 feet high; introduced from Europe and Asia; in all provinces except Alberta; most common in Quebec, Ontario, and the southern coast of British Columbia; forms fertile hybrids when crossed with the cultivated carrot; flowers first about the middle of July.

OMBELLIFÈRES
*Daucus carota* L.
**Carotte sauvage**

Plante annuelle ou bisannuelle, se propageant par graines; tiges atteignant 3 pieds de hauteur. Introduite d'Europe et d'Asie, elle se rencontre dans toutes les provinces excepté l'Alberta, mais est commune surtout dans le Québec, l'Ontario et la côte sud de la Colombie-Britannique. Forme des hybrides féconds lorsque croisée avec la carotte cultivée. Commence à fleurir vers le milieu de juillet.

UMBELLIFERAE

*Pastinaca sativa* L.

**Wild Parsnip**

Biennial, spreading by seeds;
stems up to 3 feet high; introduced from Europe; in all provinces; particularly common in
eastern Ontario and Quebec; in
pastures, hayfields, waste places
and along roadsides and riverbanks; contact with plant pro-
duces a skin irritation in some
individuals; yellow flowers are
present from July to October.

OMBELLIFÈRES

*Pastinaca sativa* L.

**Panais sauvage**

Plante bisannuelle, se propageant par graines; tiges atteignant 3 pieds de hauteur. Introduite d'Europe, elle se rencontre
dans toutes les provinces; particulièrement commune dans l'est
de l'Ontario et au Québec où elle
croît sur le bord des routes, dans
les pâturages, les prairies, sur les
berges des rivières et dans les
endroits incultes. Les contacts
avec cette plante causent une irritation de la peau chez certains
individus.

ASCLEPIADACEAE
*Asclepias syriaca* L.
**Common Milkweed**

Perennial, spreading by seeds
and underground rootstocks;
stems 2 to 4 feet high; native to
North America; in a wide range
of habitats; occurs from Manitoba
east to Prince Edward Island;
most common in southern Ontario and Quebec; plants contain
a milky juice; flowers in June and
July.

ASCLÉPIADACÉES
*Asclepias syriaca* L.
**Asclépiade de Syrie**

Plante vivace à rhizomes, se
propageant par graines; tiges de 2
à 4 pieds de hauteur. Indigène
d'Amérique, elle se rencontre
dans une grande variété
d'habitats, à partir du Manitoba
vers l'est jusqu'à l'Île du Prince-
Édouard; elle abonde surtout
dans le sud de l'Ontario et du
Québec. Contient un latex et
fleurit en juin-juillet.

CONVOLVULACEAE
*Convolvulus arvensis* L.
**Field Bindweed**

Perennial, spreading by seeds and underground roots; introduced from Europe; in every province except Newfoundland and Prince Edward Island; most troublesome in the southern Prairie Provinces and long-settled areas of Ontario and Quebec; in cultivated land, grain-fields, meadows, waste places, and along roadsides; stems often twine around other plants; flowers from June until September.

CONVOLVULACÉES
*Convolvulus arvensis* L.
**Liseron des champs**

Plante vivace, se propageant par ses graines et ses racines. Introduite d'Europe, on la rencontre dans toutes les provinces excepté Terre-Neuve et l'Île du Prince-Édouard. Elle cause des ennuis surtout dans le sud des Prairies et les régions depuis longtemps habitées de l'Ontario et du Québec. Elle croît dans les sols cultivés, les champs de céréales, les prés, les endroits incultes et le long des routes. Ses tiges s'enroulent autour d'autres plantes.

CONVOLVULACEAE
*Cuscuta* spp.
**Dodders**

Annual parasitic flowering
plants; spreading by seeds; introduced from Europe; some
dodders occur in every province;
dodders are parasitic on native,
weedy, and cultivated plants that
grow in a wide range of habitats;
stems are orange or reddish and
lack green chlorophyll; small
white or cream-coloured flowers
are single or in clusters.

CONVOLVULACÉES
*Cuscuta* spp.
**Cuscutes**

Plantes parasites annuelles qui
portent des fleurs. Introduites
d'Europe, on en rencontre dans
toutes les provinces qui parasitent
les plantes indigènes et cultivées
de même que les mauvaises
herbes qui poussent dans une
grande variété d'habitats. Tiges
orangées ou rougeâtres man-
quant de chlorophylle. Production de petites fleurs blanches ou
crèmes, isolées ou en trochets.

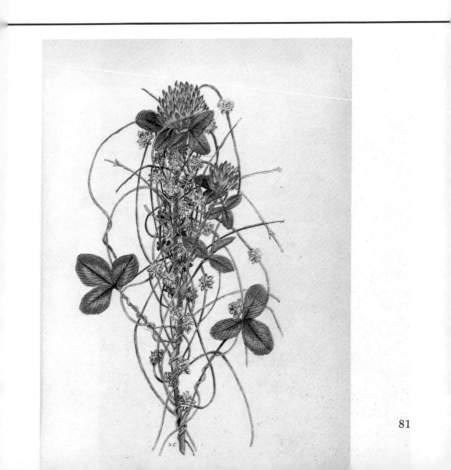

BORAGINACEAE
*Echium vulgare* L.
**Blueweed**

Biennial, spreading by seeds;
stems 1 to 3 feet high; introduced
from Europe; in all provinces;
rare and localized except in
southern Ontario and adjacent
Quebec; in permanent pastures,
abandoned fields, meadows,
waste places, and along roadsides; flowering from June to
August.

BORAGINACÉES
*Echium vulgare* L.
**Vipérine**

Plante bisannuelle, se propageant par ses graines; tiges de 1
à 3 pieds de hauteur. Introduit
d'Europe, elle se rencontre dans
toutes les provinces où on ne la
trouve que rarement et seulement
en quelques endroits, excepté
dans le sud de l'Ontario et près du
Québec. Elle croît dans les pâturages permanents, les champs
abandonnés, les prés, les terrains
incultes et le bord des routes.
Fleurit de juin à août.

BORAGINACEAE
*Lappula echinata* Gilib.
**Bluebur**

Annual or winter annual, spreading by seeds; stems up to 2 feet high; introduced from Europe; in all provinces; more abundant in the west than in the east; in grainfields, pastures, waste places, and along roadsides; small blue flowers are present in June and July.

BORAGINACÉES
*Lappula echinata* Gilib.
**Bardanette épineuse**

Annuelle ou annuelle hivernante, se propageant par graines; tiges atteignant 2 pieds de hauteur. Introduite d'Europe, elle se rencontre dans toutes les provinces, mais en plus grande abondance dans l'Ouest que dans l'Est. Elle pousse dans les champs de céréales, les pâturages, les bord des routes et les terrains incultes. Produit de petites fleurs bleues en juin et juillet.

83

LABIATAE

*Dracocephalum parviflorum* Nutt.

**American Dragonhead**

Annual or biennial, spreading by
seeds; stems 1 to 3 feet high;
native to North America; mainly
in the Prairie Provinces; in clover
fields, grainfields, gardens, native
grassland, and waste places;
flowers from June and August.

LABIÉES

*Dracocephalum parviflorum* Nutt.

**Dracocéphale parviflore**

Annuelle ou bisannuelle se propageant par graines; tiges de 1 à 3
pieds de hauteur. Indigène
d'Amérique du Nord, elle se rencontre surtout dans les Prairies
où elle pousse dans les champs de
trèfle, les champs de céréales, les
jardins, les herbages naturels et
les endroits incultes. Fleurit
depuis juin jusqu'en août.

LABIATAE
*Galeopsis tetrahit* L.
**Hemp-nettle**

Annual, spreading by seeds;
stems 6 inches to 2½ feet high;
introduced from Europe and
Asia; in all provinces; in grainfields, gardens, pastures, barnyards, waste places, and along
roadsides; stems are covered
with bristly hairs, which tend to
penetrate the skin when the plant
is handled; flowers from July to
September.

LABIÉES
*Galeopsis tetrahit* L.
**Ortie royale**

Plante annuelle se propageant par
graines; tiges de 6 pouces à 2½
pieds de hauteur. Introduite
d'Europe et d'Asie, elle se rencontre dans toutes les provinces
où elle croît dans les champs de
céréales, les jardins, les pâturages, les cours de fermes, le bord
des routes et les terrains incultes.
Ses tiges sont couvertes de poils
raides qui ont tendance à
pénétrer la peau lorsqu'on la
touche. Floraison de juillet à
septembre.

LABIATAE
*Glechoma hederacea* L.
**Ground-ivy**

Perennial, spreading mainly by
creeping stems that root at nodes;
introduced from Europe and
Asia, probably as a ground-cover
plant; in all provinces, but more
common in eastern Canada;
flowers from late April to July.

LABIÉES
*Glechoma hederacea* L.
**Lierre terrestre**

Plante vivace, se propageant
surtout par ses tiges rampantes
qui s'enracinent aux noeuds.
Introduite d'Europe et d'Asie,
probablement comme plante
tapissante, on la rencontre dans
toutes les provinces, mais plus
communément dans l'Est du
Canada. Fleurit depuis la fin
d'avril jusqu'en juillet.

SOLANACEAE
*Solanum dulcamara* L.
**Climbing Nightshade**

Woody climber; introduced from
Europe; in all provinces except
Saskatchewan and Alberta; in
waste places and wood openings;
fruit poisonous when eaten in
quantity; purple flowers are present from May until September.

SOLANACÉES
*Solanum dulcamara* L.
**Morelle douce-amère**

Plante ligneuse grimpante, introduite d'Europe et qui se rencontre dans toutes les provinces
excepté en Saskatchewan et en
Alberta; elle pousse dans les endroits incultes et les clairières des
boisés. Ses fruits sont toxiques
lorsque ingérés en grande quan-
tité. Produit des fleurs pourpres
depuis mai jusqu'en septembre.

SCROPHULARIACEAE
*Linaria vulgaris* Mill.
**Toadflax**

Perennial, spreading by seeds and by underground roots; stems 6 inches to 2 feet high; introduced from Europe and Asia; in all provinces; grows in grasslands, cultivated fields, gardens, waste places, and along roadsides; flowers from June to October.

SCROFULARIACÉES
*Linaria vulgaris* Mill.
**Linaire vulgaire**

Plante vivace, à tiges de 6 pouces jusqu'à 2 pieds de hauteur. Introduite d'Europe et d'Asie, elle se propage par ses graines et ses racines; on la rencontre dans toutes les provinces où elle pousse dans les herbages, les champs cultivés, les jardins, les terrains incultes et sur le bord des routes. Fleurit de juin à octobre.

SCROPHULARIACEAE
*Verbascum thapsus* L.
**Common Mullein**

Biennial, spreading by seeds;
stems 6 inches to 8 feet high;
introduced from Europe; in every
province except Prince Edward
Island, rare in the Prairie Provinces; in pastures, waste places,
and along roadsides; flowers
from June to September.

SCROFULARIACÉES
*Verbascum thapsus* L.
**Grande molène**

Plante bisannuelle, dont la
hauteur des tiges varie de 6
pouces à 8 pieds. Introduite
d'Europe, elle se rencontre dans
chaque province excepté dans
l'Île du Prince-Édouard et rarement dans les Prairies. Elle
pousse dans les pâturages, le bord
des routes et les terrains incultes.
Fleurit de juin à septembre.

PLANTAGINACEAE
*Plantago lanceolata* L.
**Narrow-leaved Plantain**

Perennial, spreading by seeds, flowering stems usually less than 1 foot high; introduced from Europe; in all provinces except the Prairie Provinces; common in southwestern Ontario, locally common elsewhere, especially in the Maritime Provinces and southwestern British Columbia; pollen grains are a factor in early summer hay fever; flowers from June to October.

PLANTAGINACÉES
*Plantago lanceolata* L.
**Plantain lancéolé**

Plante vivace, se propageant par ses graines, tiges mesurant habituellement moins de 1 pied de hauteur. Introduite d'Europe, elle se rencontre dans toutes les provinces excepté les Prairies; elle est commune dans le sud-ouest de l'Ontario mais seulement localisée ailleurs, particulièrement dans les provinces Maritimes et le sud-ouest de la Colombie-Britannique. Son pollen cause la fièvre des foins au début de l'été.

PLANTAGINACEAE
*Plantago major* L.
**Broad-leaved Plantain**

Perennial, spreading by seeds;
flowering stems usually less than
8 inches high; introduced from
Europe; abundant in the settled
areas of all provinces; in lawns,
pastures, meadows, cultivated
land, waste places, and along
roadsides; flowers from June to
October.

PLANTAGINACÉES
*Plantago major* L.
**Plantain majeur**

Plante vivace, se propageant
par ses graines; tiges mesurant
habituellement moins de 8
pouces de hauteur. Introduite
d'Europe, elle abonde dans les
régions habitées de toutes les
provinces; elle croît dans les
pelouses, les pâturages, les prés,
les sols cultivés, les endroits
incultes et le long des routes.
Floraison de juin à octobre.

PLANTAGINACEAE
*Plantago media* L.
**Hoary Plantain**

Perennial, spreading by seeds;
flowering stems usually less than
6 inches high; introduced from
Europe; occurs from New
Brunswick to Manitoba and in
British Columbia; common only
locally; in lawns, waste places,
and along roadsides; flowers
from June to September.

PLANTAGINACÉES
*Plantago media* L.
**Plantain moyen**

Plante vivace, à tiges mesurant
habituellement moins de 6
pouces de hauteur. Introduite
d'Europe, elle se rencontre
depuis le Nouveau-Brunswick
jusqu'au Manitoba et dans la
Colombie-Britannique. On ne la
trouve communément que par
endroits où elle pousse dans les
pelouses, le bord des routes et les
terrains incultes. Fleurit de juin à
septembre.

PLANTAGINACEAE
*Plantago rugelii* Dcne.
**Rugel's Plantain**

Perennial, spreading by seeds;
flowering stems usually less than
8 inches high; native to North
America; in Nova Scotia, New
Brunswick, and Ontario; grows
along roadsides, shorelines, and
in waste places; flowers from July
to October.

PLANTAGINACÉES
*Plantago rugelii* Dcne.
**Plantain de Rugel**

Plante vivace se propageant par
ses graines et à tiges mesurant
généralement moins de 8 pouces
de hauteur. Indigène de
l'Amérique du Nord, elle se rencontre en Nouvelle-Écosse, au
Nouveau-Brunswick et en Ontario où elle pousse le long des
routes, sur les rives et dans les
endroits incultes. Fleurit de juillet
à octobre.

COMPOSITAE
*Achillea millefolium* L.
**Yarrow**

Perennial, spreading by seeds
and shallow roots; stems usually
1 to 2 feet high; native to North
America; in all provinces; one of
the most common weeds in
Canada; in pastures, lawns,
meadows, waste places, and
along roadsides; flowers from
June to August.

COMPOSÉES
*Achillea millefolium* L.
**Achillée mille-feuille**

Plante vivace, se propageant par
ses graines et des racines peu
profondes; ses tiges mesurent
habituellement de 1 à 2 pieds de
hauteur. Indigène d'Amérique,
on la rencontre dans toutes les
provinces et c'est l'une des
mauvaises herbes les plus communes du Canada. Elle croît dans
les pelouses, les prés, les terrains
incultes et le bord des routes.
Floraison de juin à août.

COMPOSITAE
*Ambrosia trifida* L.
**Giant Ragweed**

Annual, spreading by seeds;
stems 6 inches to 10 feet high;
native to North America; in all
provinces except Newfoundland;
particularly abundant in Manitoba, southern Ontario, and
southwestern Quebec; pollen can
cause hay fever; flowers from late
July until early September.

COMPOSÉES
*Ambrosia trifida* L.
**Grande herbe à poux**

Plante annuelle à tiges mesurant
de 6 pouces à 10 pieds de hauteur.
Indigène de l'Amérique du Nord,
elle se rencontre dans toutes les
provinces excepté Terre-Neuve;
particulièrement abondante au
Manitoba ainsi que dans le sud
de l'Ontario et le sud-ouest du
Québec. Son pollen peut causer la
fièvre des foins. Fleurit depuis la
fin de juillet jusqu'au début de
septembre.

95

COMPOSITAE

*Ambrosia artemisiifolia* L.

**Common Ragweed**

Annual, spreading by seeds;
stems 6 inches to 3 feet high;
native to North America; in all
provinces; commonest in southern Ontario and in southern
Quebec as far east as Quebec
City, rare in the Maritime Provinces, the Prairie Provinces, and
British Columbia; air-borne pollen grains of common ragweed
are the most important cause of
hay fever in eastern North
America; it is estimated that there
are 800,000 ragweed pollen vic-
tims in eastern Canada and ten
million in the United States;
dairy products from cows that
have grazed this plant have an
objectionable odour and taste;
flowers mainly in August and
early September.

COMPOSÉES

*Ambrosia artemisiifolia* L.

**Petite herbe à poux**

Plante annuelle, se propageant
par graines et dont les tiges mesurent de 6 pouces à 3 pieds de
hauteur. Indigène de l'Amérique
du Nord, elle se rencontre dans
toutes les provinces, mais plus
communément dans le sud de
l'Ontario et du Québec jusqu'à la
ville de Québec. Elle est plutôt
rare dans les provinces
Maritimes, les Prairies et la
Colombie-Britannique. Le pollen
de cette plante, transporté dans
l'air, est la plus importante cause
de la fièvre des foins dans l'est de
l'Amérique du Nord. On estime à
800,000 dans l'est du Canada et à
dix millions aux États-Unis le
nombre de victimes du pollen de
cette plante. Les produits laitiers
des vaches ayant brouté cette
plante ont une odeur et un goût
désagréables. Fleurit ordinaire-
ment en août et au début de
septembre.

COMPOSITAE
*Anthemis cotula* L.
**Stinking Mayweed**

Annual, spreading by seeds;
stems 4 inches to 1 foot high;
introduced from Europe; common in farmyards, waste places,
and along roadsides in New
Brunswick, Ontario, Quebec,
and British Columbia; rare
elsewhere; flowers from June to
October.

COMPOSÉES
*Anthemis cotula* L.
**Camomille des chiens**

Plante annuelle dont les tiges
mesurent de 4 pouces à 1 pied de
hauteur. Introduite d'Europe, elle
se rencontre communément dans
les cours de ferme, les endroits
incultes et le long des routes
au Nouveau-Brunswick, en
Ontario, au Québec et dans la
Colombie-Britannique; plutôt
rare ailleurs. Floraison de juin à
octobre.

COMPOSITAE
*Arctium minus* (Hill) Bernh.
**Common Burdock**

Biennial, spreading by seeds;
stems 2 to 6 feet high; introduced
from Europe; in all provinces;
most abundant in eastern Canada; in farmyards, waste places,
and along roadsides; mature
flower heads form prickly burs
that readily adhere to clothing
and fur; rosette leaves resemble
those of rhubarb; flowers from
July to September.

COMPOSÉES
*Arctium minus* (Hill) Bernh.
**Petite bardane**

Plante bisannuelle, se propageant par ses graines et dont les
tiges mesurent de 2 à 6 pieds de
hauteur. Introduite d'Europe, elle
se rencontre dans toutes les provinces mais abonde surtout dans
l'Est du Canada. Elle croît dans
les cours de ferme, les endroits
incultes et le long des routes.
Lorsqu'ils sont mûrs, ses
capitules se couvrent de bractées
épineuses qui adhèrent facile-
ment aux vêtements et aux
fourrures.

COMPOSITAE

*Artemisia absinthium* L.

**Absinthe**

Strongly aromatic perennial; stems up to 5 feet high; introduced from Europe; in all provinces; abundant only in the Prairie Provinces; in waste places, farmyards, pastures, cropland, and along roadsides; when eaten by cows, absinthe causes a taint in dairy products; flowers from late July to September.

COMPOSÉES

*Artemisia absinthium* L.

**Armoise absinthe**

Plante vivace fortement aromatique dont les tiges mesurent jusqu'à 5 pieds de hauteur. Introduite d'Europe, elle se rencontre dans toutes les provinces mais abonde seulement dans les Prairies. Elle croît dans les terrains incultes, les cours de ferme, les pâturages, les sols cultivés et en bordure des routes. Consommée par les vaches, cette plante donne un mauvais goût aux produits laitiers. Fleurit depuis la fin de juillet.

COMPOSITAE

*Carduus acanthoides* L.

**Plumeless Thistle**

Biennial, spreading by seeds; stems 8 inches to 6 feet high; introduced from Europe; locally common in Quebec, Ontario, and British Columbia; in pastures, waste places, and along roadsides; flowers from June to September.

COMPOSÉES

*Carduus acanthoides* L.

**Chardon épineux**

Plante bisannuelle à tiges mesurant de 8 pouces à 6 pieds de hauteur. Introduite d'Europe, elle se rencontre communément en certains endroits du Québec, de l'Ontario et de la Colombie-Britannique où elle pousse dans les pâturages, les terrains incultes et sur le bord des routes. Floraison de juin à septembre.

COMPOSITAE
*Carduus nutans* L.
**Nodding Thistle**

Biennial, spreading by seeds; stems 1 to 6 feet high; introduced from Europe and Asia; in every province except Prince Edward Island and Alberta; most common in pastures, rangeland, waste places, and along roadsides in Saskatchewan and Ontario; flowers from July to September.

COMPOSÉES
*Carduus nutans* L.
**Chardon penché**

Plante bisannuelle à tiges mesurant de 1 à 6 pieds de hauteur. Introduite d'Europe et d'Asie, elle se rencontre dans toutes les provinces excepté l'Île du Prince-Édouard et l'Alberta. Elle est très commune dans les pâturages cultivés, les pâturages libres, les endroits incultes et sur le bord des routes en Saskatchewan et en Ontario. Fleurit de juillet à septembre.

COMPOSITAE
*Centaurea diffusa* Lam.
**Diffuse Knapweed**

Biennial to short-lived perennial;
stems 2 to 3 feet high; introduced
from Europe and Asia; in southern Alberta and British Columbia; very common along roadsides and in dry rangelands of
British Columbia; flowers from
July to September.

COMPOSÉES
*Centaurea diffusa* Lam.
**Centaurée diffuse**

Bisannuelle ou vivace de courte
durée dont les tiges mesurent de 2
à 3 pieds. Introduite d'Europe et
d'Asie, elle se rencontre dans le
sud de l'Alberta et de la
Colombie-Britannique. Elle est
très commune le long des routes
et dans les pâturages libres et
arides de la Colombie-
Britannique. Fleurit de juillet à
septembre.

COMPOSITAE

*Centaurea maculosa* Lam.

**Spotted Knapweed**

Biennial or short-lived perennial; stems 2 to 3 feet high; introduced from Europe; in Nova Scotia, New Brunswick, Quebec, Ontario, and British Columbia; most abundant along roadsides and in dry rangeland of British Columbia and in pastures and along roadsides of Grey and Hastings counties of Ontario; flowers from June to October.

COMPOSÉES

*Centaurea maculosa* Lam.

**Centaurée maculée**

Plante bisannuelle ou vivace de courte durée dont les tiges mesurent de 2 à 3 pieds de hauteur. Introduite d'Europe, elle se rencontre en Nouvelle-Écosse, au Nouveau-Brunswick, au Québec, en Ontario et en Colombie-Britannique. Elle est très abondante le long des routes et dans les pâturages libres et arides de la Colombie-Britannique ainsi que dans les pâturages et sur le bord des routes de l'Ontario.

COMPOSITAE

*Chrysanthemum leucanthemum* L.

**Ox-eye Daisy**

Perennial, spreading by seeds;
stems 1 to 3 feet high; introduced
from Europe; in all provinces;
rare in Saskatchewan and Alberta; in meadows, pastures, waste
places, hayfields, and along roadsides; when eaten by cattle this
plant gives milk a disagreeable
taste; flowers from June to
August.

COMPOSÉES

*Chrysanthemum leucanthemum* L.

**Marguerite blanche**

Plante vivace, se propageant par
graines et dont les tiges mesurent
de 1 à 3 pieds de hauteur. Introduite d'Europe, on la rencontre
dans toutes les provinces, mais
plutôt rare en Saskatchewan et en
Alberta. Elle croît dans les prés,
les pâturages, les terrains incultes, les prairies et le bord des
routes. Cette plante donne un
mauvais goût au lait des bovins
qui en consomment. Fleurit de
juin à août.

COMPOSITAE
*Cichorium intybus* L.
**Chicory**

Perennial, spreading by seeds; stems 1 to 6 feet high; introduced from Europe; in all provinces; abundant in eastern Canada and southern British Columbia, but rare in the Prairie Provinces; in hayfields, waste places, and along roadsides; cows eating large quantities of this plant produce milk with a bitter flavour; flowers from July to September.

COMPOSÉES
*Cichorium intybus* L.
**Chicorée sauvage**

Plante vivace, se propageant par ses graines; tiges mesurant de 1 à 6 pieds de hauteur. Introduite d'Europe, elle se rencontre dans toutes les provinces. Elle abonde dans l'Est du Canada mais est plutôt rare dans les Prairies. Elle pousse dans les champs de foin, les terrains incultes et en bordure des routes. Le lait des vaches qui en consomment possède un goût amer. Fleurit de juillet à septembre.

COMPOSITAE
*Cirsium arvense* (L.) Scop.
**Canada Thistle**

Perennial, spreading by seeds
and underground rootstocks;
stems 6 inches to 4 feet high;
introduced from Europe; in every
province; in cultivated fields,
meadows, pastures, waste
places, and along roadsides; male
and female flowers are on separate plants; flowers from June to
October.

COMPOSÉES
*Cirsium arvense* (L.) Scop.
**Chardon des champs**

Plante vivace, se propageant par
graines et rhizomes; tiges mesurant de 6 pouces à 4 pieds de
hauteur. Introduite d'Europe, on
la rencontre dans toutes les provinces où elle pousse dans les
champs cultivés, les prés, les
pâturages, les terrains incultes et
le long des routes. Les fleurs
mâles et femelles sont portées sur
des plantes séparées. Floraison
de juin à octobre.

COMPOSITAE

*Cirsium vulgare* (Savi) Tenore

**Bull Thistle**

Biennial, spreading by seeds; stems 1 to 6 feet high; introduced from Europe and Asia; in all provinces, but most common in eastern Canada and southern British Columbia; in pastures, waste places, and along roadsides; flowers from June until September.

COMPOSÉES

*Cirsium vulgare* (Savi) Tenore

**Chardon vulgaire**

Plante bisannuelle dont les tiges mesurent de 1 à 6 pieds de hauteur; introduite d'Europe, elle se rencontre dans toutes les provinces mais est surtout commune dans l'Est du Canada et le sud de la Colombie-Britannique. Elle croît dans les pâturages, les terrains incultes et le long des routes. Fleurit depuis juin jusqu'en septembre.

*Crepis capillaris* (L.) Wallr.
**Smooth Hawk's-beard**

Perennial, spreading by seeds; 6 inches to 3 feet high; introduced from Europe; common on Vancouver Island and the adjacent mainland; in meadows, pastures, waste places, and along roadsides; flowers from May to November.

*Crepis capillaris* (L.) Wallr.
**Crépis capillaire**

Plante vivace mesurant de 6 pouces à 3 pieds de hauteur. Introduite d'Europe, elle se rencontre communément dans l'Île de Vancouver et la région continentale avoisinante. On la trouve dans les prés et les pâturages, le long des routes et sur les terrains incultes. Fleurit de mai à novembre.

COMPOSITAE
*Erigeron canadensis* L.
**Canada Fleabane**

Annual or winter annual, spreading by seeds; stems a few inches to 6 feet high; native to North America; in all provinces, but less common in the Maritime Provinces; in cultivated fields, pastures, meadows, waste places, and along roadsides; flowers from July to October.

COMPOSÉES
*Erigeron canadensis* L.
**Vergerette du Canada**

Plante annuelle ou annuelle hivernante, se propageant par graines; tiges mesurant de quelques pouces à 6 pieds de hauteur. Indigène d'Amérique, elle se rencontre dans toutes les provinces, bien que moins commune dans les Maritimes. Elle croît dans les champs cultivés, les pâturages, les prés, les terrains incultes et sur le bord des routes. Fleurit de juillet à octobre.

*Erigeron philadelphicus* L.

**Philadelphia Fleabane**

Perennial, reproducing by seeds, stolons, and offsets; stems 1 to 3 feet high; native to North America; in all provinces, but less common in the Prairie Provinces and Maritime Provinces; in hayfields, pastures, waste places and along roadsides and riverbanks; flowers from May to September.

COMPOSÉES

*Erigeron philadelphicus* L.

**Vergerette de Philadelphie**

Plante vivace, se propageant par ses graines, ses stolons et ses rejets, dont les tiges mesurent de 1 à 3 pieds de hauteur. Indigène d'Amérique du Nord, elle se rencontre dans toutes les provinces mais est moins abondante dans les Prairies et les Maritimes. Elle pousse dans les champs de foin, en bordure des routes, sur les berges ainsi que dans les terrains incultes. Floraison de mai à septembre.

111

COMPOSITAE

*Erigeron strigosus* Muhl.

**Rough Fleabane**

Annual or biennial; stems 2 to 4
feet high; native to North America; in all provinces but less common in the Prairie Provinces; in
pastures, hayfields, waste places,
and along roadsides; flowers
from June to October.

COMPOSÉES

*Erigeron strigosus* Muhl.

**Vergerette rude**

Plante annuelle ou bisannuelle à
tiges mesurant de 2 à 4 pieds de
hauteur. Indigène d'Amérique du
Nord, elle se rencontre dans
toutes les provinces, mais est
moins commune dans les
Prairies. Elle croît dans les pâturages, les champs de foin, les
terrains incultes et le long des
routes. Fleurit de juin à octobre.

COMPOSITAE
*Galinsoga ciliata* (Raf.) Blake
**Hairy Galinsoga**

Annual, spreading by seeds;
stems 6 inches to 2 feet high;
introduced from South America;
in all provinces except Newfoundland; most abundant in
Quebec, Ontario, and British
Columbia; often grows close to
buildings; flowers from June to
October.

COMPOSÉES
*Galinsoga ciliata* (Raf.) Blake
**Galinsoga cilié**

Plante annuelle dont les tiges
mesurent de 6 pouces à 2 pieds.
Introduite de l'Amérique du Sud,
elle se rencontre dans toutes les
provinces excepté Terre-Neuve.
Elle est très abondante au
Québec, en Ontario et en
Colombie-Britannique. Elle
pousse fréquemment près des
bâtiments. Fleurit de juin à
octobre.

COMPOSITAE

*Hieracium aurantiacum* L.

**Orange Hawkweed**

Perennial; stems 6 inches to 2 feet
high; introduced from Europe;
very abundant in Ontario,
Quebec, and parts of the
Maritime Provinces; in old fields,
pastures, waste places, and along
roadsides; flowers from June to
October.

COMPOSÉES

*Hieracium aurantiacum* L.

**Épervière orangée**

Plante vivace dont les tiges mesurent de 6 pouces à 2 pieds de
hauteur. Introduite d'Europe, elle
est très abondante en Ontario, au
Québec et dans certaines parties
des provinces Maritimes. Elle
croît dans les vieux champs, les
pâturages, les terrains incultes et
le long des routes. Fleurit de juin
à octobre.

*Hieracium florentinum* All.

**King Devil Hawkweed**

Perennial with short rootstocks; stems 6 inches to 1½ feet high; introduced from Europe; abundant in Ontario and western Quebec; in pastures, lawns, waste places, and along roadsides; flowers from May to August.

*Hieracium florentinum* All.

**Épervière des Florentins**

Plante vivace à courts rhizomes et à tiges mesurant de 6 pouces à 1½ pied de hauteur. Introduite d'Europe, elle abonde en Ontario et dans l'ouest du Québec où elle pousse dans les pâturages, les pelouses, les terrains incultes et le long des routes. Fleurit de mai à août.

115

COMPOSITAE

*Hypochaeris radicata* L.

**Spotted Cat's-ear**

Perennial; stems 6 inches to 2 feet
high; introduced from Europe;
common only on Vancouver Island and the Queen Charlotte
Islands of British Columbia and
the adjacent mainland; in pastures, waste places, and along
roadsides; flowers from May to
October.

COMPOSÉES

*Hypochaeris radicata* L.

**Porcelle enracinée**

Plante vivace dont les tiges mesurent de 6 pouces à 2 pieds de
hauteur. Introduite d'Europe, elle
se rencontre communément sur
les Îles de Vancouver et de la
Reine Charlotte, en Colombie-
Britannique, ainsi que dans la
région continentale voisine. Elle
pousse sur le bord des routes et
dans les terrains incultes. Fleurit
de mai à octobre.

COMPOSITAE

*Iva axillaris* Pursh

**Povertyweed**

Persistent perennial spreading
by seeds and underground
rootstocks; stems 6 to 8 inches
high; native to the western
prairies; common in the Prairie
Provinces and less common in
the interior of British Columbia;
pollen can cause hay fever when
plant is abundant; flowers from
June to August.

COMPOSÉES

*Iva axillaris* Pursh

**Herbe de pauvreté**

Plante vivace persistante, se
propageant par graines et
rhizomes, dont les tiges mesurent
de 6 à 8 pouces de hauteur. Indigène des Prairies de l'Ouest, on la
rencontre communément dans
les Prairies et moins fréquemment à l'intérieur de la
Colombie-Britannique. Les
peuplements abondants peuvent
causer la fièvre des foins. Fleurit
de juin à août.

COMPOSITAE
*Iva xanthifolia* Nutt.
**False Ragweed**

Annual; stems 3 to 8 feet high;
native to the western prairies;
common in the Prairie Provinces
and rare in British Columbia,
Ontario, and Quebec; in cultivated land, waste land, and gardens; contact with leaves causes a
rash in some people, and the
pollen is an important cause of
hay fever; flowers mainly in late
August and early September.

COMPOSÉES
*Iva xanthifolia* Nutt.
**Fausse herbe à poux**

Plante annuelle dont les tiges
mesurent de 3 à 8 pieds de
hauteur. Indigène de l'Ouest
canadien, elle est commune dans
les Prairies mais plutôt rare en
Colombie-Britannique, en Ontario et au Québec. Elle pousse
dans les sols cultivés, les terrains
incultes et les jardins. A son contact, l'épiderme de certaines per-
sonnes souffre de démangeaisons
et son pollen est une importante
cause de fièvre des foins. Fleurit
d'août jusqu'à septembre.

COMPOSITAE

*Lactuca pulchella* (Pursh) DC.

**Blue Lettuce**

Perennial with deep rootstocks; stems up to 3 feet high; native to western North America; mostly in open prairie, waste places, along roadsides, and in irrigated fields of the Prairie Provinces and British Columbia; flowers from June to August.

COMPOSÉES

*Lactuca pulchella* (Pursh) DC.

**Laitue bleue**

Plante vivace à rhizomes profonds dont les tiges atteignent jusqu'à 3 pieds de hauteur. Indigène de l'Ouest de l'Amérique du Nord, elle se rencontre généralement en pleine prairie, dans les terrains incultes, sur le bord des routes et dans les champs irrigués des provinces des Prairies et de la Colombie-Britannique. Fleurit de juin à août.

COMPOSITAE

*Lactuca scariola* L.

**Prickly Lettuce**

Annual or winter annual, spreading by seeds; stems 1 to 6 feet high; introduced from Europe; in every province except Newfoundland; most abundant in southern Ontario and the Prairie Provinces; in cultivated land, waste places, and along roadsides; flowers from mid-July to mid-September.

COMPOSÉES

*Lactuca scariola* L.

**Laitue scariole**

Plante annuelle ou annuelle hivernante se propageant par ses graines et dont les tiges mesurent de 1 à 6 pieds de hauteur. Introduite d'Europe, elle se rencontre dans toutes les provinces, à l'exception de Terre-Neuve. Elle est surtout abondante en Ontario et dans les Prairies où elle pousse dans les sols cultivés, les terrains incultes et sur le bord des routes. Fleurit depuis la mi-juillet jusqu'à la mi-septembre.

COMPOSITAE

*Leontodon autumnalis* L.

**Fall Hawkbit**

Perennial, spreading by seeds;
stems 4 inches to 2 feet high;
introduced from Europe and
Asia; most common in the
Maritime Provinces and southeastern Quebec; the dandelion
(pissenlit), a close relative, has a
hollow leafless stem bearing a
single flower; flowering from
early July to late September.

COMPOSÉES

*Leontodon autumnalis* L.

**Liondent d'automne**

Plante vivace, se propageant par
graines et dont les tiges mesurent
de 4 pouces à 2 pieds de hauteur.
Introduite d'Europe et d'Asie, elle
se rencontre très communément
dans les provinces Maritimes et le
sud-est du Québec. Son proche
parent, le pissenlit, produit une
tige creuse sans feuilles portant
une seule fleur. Fleurit depuis le
début de juillet jusqu'à la fin de
septembre.

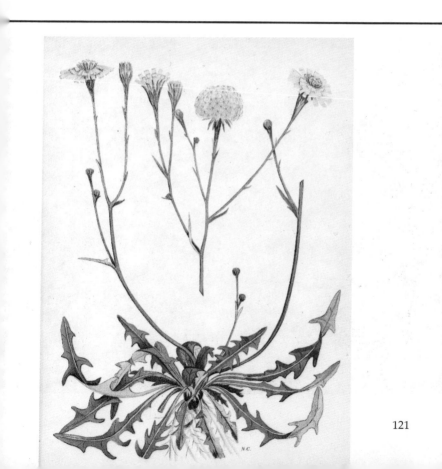

COMPOSITAE
*Matricaria matricarioides* (Less.)
Porter
**Pineappleweed**

Annual, spreading by seeds;
stems 1 to 8 inches high; native to
western North America; in all
provinces and around settle-
ments in the Yukon Territory and
Northwest Territories; in gardens, waste places, along roadsides, and on trampled ground;
crushed leaves produce a pine-
apple odour; flowers from June to
October.

COMPOSÉES
*Matricaria matricarioides* (Less.)
Porter
**Matricaire odorante**

Plante annuelle dont les tiges
mesurent de 1 à 8 pouces de
hauteur. Indigène de l'Amérique
du Nord, elle se rencontre dans
toutes les provinces et autour des
lieux colonisés du Yukon et des
Territoires du Nord-Ouest. Elle
croît dans les jardins, les terrains
incultes et le bord des routes ainsi
que sur les sols piétinés. Ses feuilles broyées émettent une senteur
d'ananas. Fleurit de juin à
octobre.

COMPOSITAE

*Rudbeckia hirta* L.

**Black-eyed Susan**

Perennial, spreading by seeds;
stems 1 to 3 feet high; native to
North America; in all provinces;
locally common; in hayfields,
pastures, rangeland, waste
places, and along roadsides;
flowers from June to October.

COMPOSÉES

*Rudbeckia hirta* L.

**Rudbeckie hérissée**

Plante vivace à tiges mesurant de
1 à 3 pieds de hauteur. Indigène
de l'Amérique du Nord; elle se
rencontre dans toutes les provinces où elle abonde en certains
endroits. Elle pousse dans les
champs de foin, les pacages, les
pâturages libres, le bord des
routes et les terrains incultes.
Fleurit de juin à octobre.

123

COMPOSITAE
*Senecio jacobaea* L.
**Tansy Ragwort**

Biennial or short-lived perennial;
stems 1 to 3 feet high; introduced
from Europe; in all provinces on
the Atlantic seaboard and on
Vancouver Island and the adjacent mainland in British Columbia; in pastures, hayfields, waste
places, and along roadsides; can
cause poisoning of cattle and
horses; flowers in late July and
August.

COMPOSÉES
*Senecio jacobaea* L.
**Séneçon jacobée**

Plante bisannuelle ou vivace de
courte durée dont les tiges mesurent de 1 à 3 pieds de hauteur.
Introduite d'Europe, elle se rencontre dans toutes les provinces
le long de l'Atlantique et en
Colombie-Britannique, sur l'Île
de Vancouver ainsi que dans la
région continentale avoisinante.
Elle croît dans les pâturages, les
champs de foin, le bord des
routes et les terrains incultes. Elle
peut empoisonner les bovins et
les chevaux.

COMPOSITAE
*Solidago canadensis* L.
**Canada Goldenrod**

Perennial; stems 1 to 5 feet high; native to North America; in all provinces; in waste places, unused farmland, and along roadsides; goldenrods as a group are common throughout Canada; flowering from late July to October.

COMPOSÉES
*Solidago canadensis* L.
**Verge d'or du Canada**

Plante vivace à tiges mesurant de 1 à 5 pieds de hauteur. Indigène d'Amérique du Nord, elle se rencontre dans toutes les provinces où elle pousse dans les terrains incultes, les fermes abandonnées et sur le bord des routes. Le groupe des verges d'or croît communément partout au Canada. Floraison depuis la fin de juillet jusqu'à octobre.

COMPOSITAE

*Sonchus arvensis* L.

**Perennial Sow-thistle**

Perennial, spreading by underground rootstocks; stems 1 to 5 feet high; introduced from Europe and Asia; in all provinces; grows in grainfields, row crops, waste ground, and along roadsides; flowers from June to September.

COMPOSÉES

*Sonchus arvensis* L.

**Laiteron des champs**

Plante vivace, se propageant par ses rhizomes et dont les tiges mesurent de 1 à 5 pieds de hauteur. Introduite d'Europe et d'Asie, elle se rencontre dans toutes les provinces où elle pousse dans les champs de céréales, les cultures sarclées, les terrains incultes et en bordure des routes. Fleurit de juin à septembre.

COMPOSITAE
*Sonchus asper* (L.) Hill
**Spiny Annual Sow-thistle**

Annual, spreading by seeds;
stems 1 to 4 feet high; introduced
from Europe; in all provinces; but
most abundant in Ontario,
Quebec, and British Columbia;
in cultivated fields, gardens,
waste places, and along roadsides; flowers from June to
September.

COMPOSÉES
*Sonchus asper* (L.) Hill
**Laiteron rude**

Plante annuelle dont les tiges
mesurent de 1 à 4 pieds de
hauteur. Introduite d'Europe,
elle se rencontre dans toutes les
provinces mais abonde surtout
en Ontario, au Québec et en
Colombie-Britannique. Elle croît
dans les champs cultivés, les jardins, le bord des routes et les
terrains incultes. Fleurit de juin à
septembre.

COMPOSITAE

*Sonchus oleraceus* L.

**Annual Sow-thistle**

Annual, spreading by seeds;
stems 1 to 4 feet high; introduced
from Europe; in all provinces;
grows in gardens, row crops,
waste places, and along roadsides; flowers from June until
October.

COMPOSÉES

*Sonchus oleraceus* L.

**Laiteron potager**

Plante annuelle, se propageant
par graines et dont les tiges
mesurent de 1 à 4 pieds de
hauteur. Introduite d'Europe, elle
se rencontre dans toutes les provinces où elle pousse dans les
jardins, les cultures sarclées, le
bord des routes et les terrains
incultes. Fleurit depuis juin
jusqu'à octobre.

COMPOSITAE
*Taraxacum officinale* Weber
**Dandelion**

Perennial, spreading by seeds;
stems a few inches to 1 foot high;
introduced from Europe; one of
the most common weeds in all
settled areas of Canada; in pastures, hayfields, cultivated land,
lawns, waste places, and along
roadsides; flowers from April to
August.

COMPOSÉES
*Taraxacum officinale* Weber
**Pissenlit**

Plante vivace à tiges mesurant de
quelques pouces à 1 pied de
hauteur. Introduite d'Europe, elle
est une des mauvaises herbes le
plus communément rencontrées
dans les régions habitées du
Canada. Elle croît dans les pâturages, les champs de foin, les sols
cultivés, les pelouses, le bord des
routes et les terrains incultes.
Fleurit d'avril à août.

COMPOSITAE

*Tragopogon dubius* Scop.

**Goat's-beard**

Biennial to perennial, spreading
by seeds; stems 6 inches to 2 feet
high; introduced from Europe;
common in the Prairie Provinces
and fairly abundant in British
Columbia, Ontario, and Quebec;
in pastures, prairie, hayfields,
waste places, and along roadsides; flowers from late May until
July.

COMPOSÉES

*Tragopogon dubius* Scop.

**Salsifis majeur**

Bisannuelle ou vivace à tiges
mesurant de 6 pouces à 2 pieds de
hauteur. Introduite d'Europe, elle
se rencontre communément dans
les Prairies et est passablement
abondante en Colombie-
Britannique, en Ontario et au
Québec. Elle croît dans les pâturages, les prairies, les champs de
foin, le bord des routes et les
terrains incultes. Fleurit depuis la
fin de mai jusqu'en juillet.

COMPOSITAE
*Tragopogon pratensis* L.
**Meadow Goat's-beard**

Biennial to perennial, spreading
by seeds; stems 1 to 4 feet high;
introduced from Europe; in all
provinces except Newfoundland;
most common in eastern Canada;
in pastures, hayfields, waste
places, and along roadsides;
flowers in June and July.

COMPOSÉES
*Tragopogon pratensis* L.
**Salsifis des prés**

Plante bisannuelle ou vivace dont
les tiges mesurent de 1 à 4 pieds
de hauteur. Introduite d'Europe,
elle se rencontre dans toutes les
provinces excepté Terre-Neuve;
elle est surtout commune dans
l'Est du Canada et croît dans les
pâturages, les prés, le bord des
routes et les terrains incultes.
Fleurit en juin et juillet.

131

# Index

# NOTES

# NOTES

# NOTES

# NOTES